モードの誘惑

山田登世子
Yamada Toyoko

藤原書店

モードの誘惑——目次

I ブランド　9

II 黒／靴 97

Ⅳ 誘惑のモード

モードの誘惑

I

ブランド

デパート「ボン・マルシェ」1927年春夏の広告。
ギャルソンヌ・スタイルが流行する。

ブランドの百年

始まりは大英帝国

数年前、パリに行った折のこと。いつものようにサンジェルマン・デプレを歩いていると、静かなはずの通りに何やら人だかりの気配がする。何かしらと思っていたら、大きな紙バッグをかかえた女の子たちがドヤドヤと店から出てきた。紙バッグにはPRADAのロゴ。「あ、ここ、プラダなんだ！」。そう思って見上げると、まちがいなくプラダの店。パリに行くたび通っている道なのに、うかつにも気がつかなかったのである。

だが、それにしても異様な光景だった。恥ずかしさが胸にこみあげてくる。自分のことでもないのに、その場から逃げ出したいような気持ちになった。

ぞろぞろと列をなして海外の有名ブランドを買いに来る——こんなことをやっているのは、おそらく世界中で日本だけだ。いや、いまや韓国や台湾も日本の後を追いかけているから、あながち日本だけとは言えないけれど。それにしても、日本人はなぜこうも海外ブランドが好きなのか？——と、こんなふうに思っている日本人は少なくない。

ところが、これがまちがいなんですね。なぜなら、日本人の前にはアメリカ人がいるからだ。日本人が世界のブランドの良き「お客様」になる以前、パリ・ブランドの良き客だったのはアメリカ人である。第二次世界大戦が終結した解放後のパリ、シャネル・ナンバー5をお土産にして祖国に帰ろうと、アメリカ兵がカンボン通りのシャネル本店に長蛇の列をつくったのは有名な話。「世界の金持ち」アメリカは、ブランド好きナンバーワンだ。

ということは？

そう、アメリカは世界一の金持ち国ということですね。ブランドは高価だから、金持ちの国民じゃないと買えない。なんて、こんなあたりまえのことをわざわざ言うのは、けっこう、この単純明快な事実が忘れられて、ヘンな日本人論になりがちだからだ。とかく日本人は他人と同じものを持ちたがるとか、日本人は同一化願望が強いとか……。たしかにそれもあるだろうが、こういう議論に欠落しているのは「歴史」の知識。そう、歴史です。というのも、ブランドが誕生するには一定の歴史・文化的コンテキストが要るからだ。中世の昔にブランドなんてあるわけないのであって、たとえばデパートの生誕にみられるような、豊かな商品量と、それにともなう消費社会状況がなければブランドは成立しない。

ということは、「ブランドとは何か?」という問いに答えるには、世界史をひもとく必要があるということである。

実際、そもそもブランド現象が始まったのは、十九世紀のイギリス。資本主義の先端をゆく大英帝国はご存じジェントルマンの国である。かれらイギリス紳士は「スーツ族」だった。既製品産業プレタポルテの生誕以前だから、そのスーツはもちろん仕立服、すなわちテーラーメードである。自分の背広がどのテーラーの仕立てなのか、内ポケットに刺繍されたネームは重要な「紳士のしるし」だった。

いや、話はむしろ逆と言うべきかもしれない。というのも、「ジェントルマン御用達」ひいては「王室御用達」こそ、そのテーラーの一流性の証《あかし》だったからである。ブランドに信用と権威性をあたえていたのは、客の権威性であった。

そう、ブランドはエリート階層に始まる。背広もそうだが、下に着るワイシャツもまたテーラーメードだったこの世紀、タンプル・アンド・アッサーの仕立てになる上質でカラフルなシャツは、ジェントルマンの証だった。『グレート・ギャツビー』のヒーロー愛用のシャツがこのシャツだといえば、映画ファンならおわかりだろう。

つまりブランドはその誕生の当初、選良意識と分かちがたく結びついていたのである。小金を持った女の子たちが大挙して店に買いに来るというのは、やはり「おかしな」現象なのである。ブランドと大衆《マス》というのは、本来は仲が悪いはずなのだ。こうしたブランドのエリート主義は、レディース・ファッションについてもまったく同じこと。ジェントルマンについて言えることは、レディーについても言える。

ただし、メンズとレディースを決定的に分けへだてるものがある。それは、パリのオーラだ。ブリティッシュが自慢の種になるのはメンズのことだけであって、ことレディースの話になると、洋服からバッグ、小物まで、ブランドは何といってもパリ発だった。メード・イン・パリはモードの葵《あおい》の御紋なのである。

というわけで、ブランド・ヒストリーの次節の舞台はパリ。ブランドの本場だから、長い滞在になるだろう。

パリ・ブランドの誕生

「あこがれのパリ」という言い方が決まり文句になったのはいったいいつごろからだろう。正確にはわからないが、はっきりしているのは、パリが観光都市として世界に名をはせたのは十九世紀後半、一八五〇年から七〇年にかけての時代ということである。「モードの都」になる以前、パリは「歓楽の都」として世界の観光客を集めた。フレンチ・カンカンがはやりはじめたのがちょうどこの時代である。

そうしてパリを観光都市にしたてあげた仕掛け人は時の皇帝ナポレオン三世だった。第二帝政と呼ばれるこの二十年間は、パリが平和と繁栄を享受したエポックメーキングな時代である。この二十年間こそパリ・ブランドの生誕の時代だったといっていい。というのも、ナポレオン三世は、景気を刺激するために奢侈《しゃし》品産業を奨励したからである。皇后とともに毎週テュイルリー宮殿で催した華麗なパーティーは、まさにモードの展示ショーだった。

実際、パリ・ブランドの誕生をあやつったのは、このウージェニー皇后なのである。まず第一に、皇后はあのダイアナ妃と同じく、あこがれのファースト・レディーとして流行のモデルになった。モードという風俗現象にモデルが存在する事実は時代を問わないのだ。

第二に、ウージェニー皇后は御用商人を召しかかえて出入り商人に絶大な信用をあたえた。こうして「皇后御用達」を看板にトップ・ブランドにのしあがったのが、ほかでもないあのルイ・ヴィトンである。実際、ヴィトンの出発点は皇后のドレスを納める木箱商人であった。ウージェニー皇后の寵《ちょう》を得て、御用商人のお墨付きをもらったのが一八五四年のこと。ここから、「世界のトランク商」ルイ・ヴィトンへのスタートが始まる。

ということを、別の言い方で言えばこうなる――ルイ・ヴィトンは、そもそも皇后をはじめテュイルリー宮殿の晩餐会に招待されるような貴族や名士たちの愛用品であって、庶民や大衆には縁もゆかりもないものだったのだ、と。ブランドの選良主義はイギリスでもフランスでもまったく変わりはないのである。ロイヤル・ブランドとよく言うけれど、まさにブランドは生まれのときからロイヤルと決まっているのだ。要するに、ブランドが似合うには「生まれの良さ」が必要であり、この意味で、極論すれば、ブランド品はお金で買えるものではないのである。少なくとも、二十世紀の「ドル帝国」アメリカが世界の覇権国にのしあがるまでは……。

以上のことをもう一度ひねり直して、また別の言い方をすれば、次のようになる——メーカーの側から言えば、顧客の名の権威性こそ、自社の商品に箔《はく》をつけてくれる絶大な信用の源であったのだ。

「あこがれのトランク」ルイ・ヴィトンの誕生の歴史的シーンにこれほどこだわるのは、そこにブランドなるものの本質がかかわっているからである。それを、ちょっとクイズ形式で整理してみよう。

①ルイ・ヴィトンのカバンは、顧客が皇室だから、すてき。

②ルイ・ヴィトンのカバンは、ルイ・ヴィトンだから、すてき。

ヴィトンのいわゆる「ブランド力」を語るのは右の①②のうちどちらでしょう？

答えはもちろん、②に決まっている。つまり、ルイ・ヴィトンという商号（ネーム）自体が価値の根拠になる事態こそまさにブランドという現象なのだから。

こんなクイズをやってみるのは、ブランド現象が「名の権威性」にかかわる現象だということを強調したいからである。なんて、もってまわらずにあっさり言おう。名前がなければ、ただのカバンなのに、そのカバンにルイ・ヴィトンという名がつけば、とたんに価格がはねあがる。エルメスしかり、シャネルしかり。ほんと、ブランドって、要するにネーム代金ですよね。何が何でもグッチのバッグが欲しいあなたは、すごいお金を出してグッチという名を買ってるんですよね。

あなたが何を買おうと、あなたのお金なんですから、あなたの勝手。なんだけど、かく言うわたくし、ヴィトンのバッグだけは持つ気がしません……。だって、あれ、自分が持つようなバッグじゃありませんから。そう、あれは召し使いに持たせるトランク。だから、大きくって、重くって。ルイ・ヴィトンとはポータブルな「家具」と言いたくなるほど。優雅なリゾートの旅に、召し使いに持たせて、何着もの着替えを運ばせるポータブル・タンス。ヴィスコンティの名画『ヴェニスに死す』で主人公のアッシェンバッハ教授が使っているのがまさにこのトランク。そういえば、ヴィスコンティ監督もヴィトンの顧客だったが、監督はイタリアの名門貴族の出。

「あこがれのトランク」はやっぱりお金じゃ買えない、のですね。

ルイ・ヴィトン＝貨幣論？

ブランドの権威性は金で買えない。

前節のブランド・ヒストリーでそう言った。

ところが、誕生の当初、十九世紀のヨーロッパでそうであった事実が、百年の世界史の流れとともに、思いもよらぬ方向へ運んでいる。ブランドがお金で買えないどころか、疑似マネーの役割を果たしている（?）という珍説があるのだ。

というわけで、今回もルイ・ヴィトンの話の続きです。

いったいぜんたい、日本人はなぜこれほどルイ・ヴィトンが好きなのか？

答え――ヴィトンがもともと皇室御用達だったから。なんて事実はまったく忘れられているので、ぜんぜん答えにもならない。答えはずばり、ルイ・ヴィトンがルイ・ヴィトンだから、以外にありませんね。けれど、ネーム・バリューなら、エルメスもグッチもプラダも同じはず。なぜ、圧倒的にルイ・ヴィトンなのだろう？

と、考えてみるまえに、その圧倒的人気を数字でフォローしておこう。

日本でいわゆる海外ブランド・ブームがまき起こったのは、女性誌が創刊された七〇年代。その七〇年代から九〇年代までの二十年間に、ルイ・ヴィトン日本店の売り上げの伸びは何と六十倍だという。九七年の時点で、一千万人以上の日本人がヴィトンのバッグをもっている計算になる。ルイ・ヴィトン・ジャパン社長によれば、「約二五パーセントの女性が使っている」ことになるのだそうだ（『広告批評』一九九七年九月号）。二五パーセントと言えば、四人に一人。すごい人気である。いったい日本人はなぜこうもヴィトン好きなのか——同社長は、別の号の『広告批評』（一九九九年三月号）で、日本人にアピールするのは「信頼度」と「永続性」と答えている。まさに日本人は信用という「ブランドの王道」を求めているのであり、ヴィトンは、プラダやグッチをしり目にダントツの王座を守っているのだ。

実際、ヴィトンの商品のなかでも、日本で売れるのは圧倒的に「モノグラム」シリーズだという。ご存じ、茶色にお札模様のようなロゴがプリントされた、あのヴィトン模様（？）である。近年、ヴェルニというモードっぽいシリーズも若い女性にうけているが、売り上げの圧倒的多数はモノグラムだという。そう、一目で「あ、あれ」とわかるヴィトン模様が、いちばん売れているのである。

そこででてきたのが、ルイ・ヴィトン＝貨幣論。言い出しっぺはわたしではない。友人の鹿島茂氏である。あるとき、氏と「消費の現在」をテーマに対談をした。

「ぼくね、ルイ・ヴィトンって、貨幣だと思う」

「貨幣って、マネーのこと？」

「うん、だって、あれ、全部定価がわかるわけでしょ、だから、贈りものにするのに良いわけ。お金だとアレだから、金の代わりにヴィトンにするわけ」

たしかに、一理ある面白い極論だ。その昔、金銀が貨幣の役割を果たしたように、商品のなかで圧倒的なシェアを誇って「唯一」の座を占める商品は貨幣になる。とんだところでマルクスの商品論である。ま、それは極論だとしても、ヴィトンのあのモノグラムはたしかにお札を想像させる。そして、それには本当に一理あるのだ。なぜなら、あのモノグラムが考案されたのは模造防止のためにほかならぬからである。偽札を防止するため、紙幣をこみいった模様にするのと同じ目的で、ヴィトンはあの模様を開発したのである。

模倣をゆるしてはならない。「本物」の価値をまもりぬかねばならない——これが十九世紀の「皇室御用達」の昔から二十一世紀の現在まで続くブランド、ヴィトンの信念である。それが、モノグラムのデザインに表れている。

たしかにブランドは本物志向を満たしてくれる。一生ものはやはり本物が良い。そう思う人が多いからこそヴィトンは堂々一位独占なのだ。

だが、そうだろうか？　ほんとうに偽物はブランドの敵なのだろうか？

いえいえ、偽物こそブランドのブランド力の証明にほかならない——そう考えた人がいる。その人の名はココ・シャネル。

そう、ブランドの本質をめぐって、ヴィトンとシャネルはまっこう対立するのである。なぜ、どのように?――それが次節のテーマです。

本物に反対したシャネル

偽物と本物をめぐって、シャネルとルイ・ヴィトンはまっこうから対立した。

というより、もっと正確に言えば、ヴィトンだけでなくシャネルはほとんどすべての既成ブランドと対立した。シャネルは孤立無援、すべてのブランドが模造品の流通に反対したのにたいし、ひとりだけ模造を容認したのである。

すべてのブランドと言ったが、さしあたりシャネルとかかわりが深かったのは服飾業界、すなわちオートクチュール協会である。シャネルはオートクチュール協会に所属しながら、ただ一人、製品のコピーが出回るのに反対しなかった。彼女は「本物性」や「永続性」にこだわらなかったのである。

いや、こだわらないどころか、シャネルは永続性に対立した。シャネルにとって、商品は「不滅の芸術」から最も遠いところ、はかない「現在」のただなかにしか存在していなかった。だから彼女はこう言った。「モードははかないものであればあるほど完璧《かんぺき》なのだ。最初からあるはずのない命を、どうやって守ろうというのだろう」

モードを成立させるもの、それは、明日にはもう消えてゆく、つかの間の目新しさである。この新奇性のきらめきは、永遠性や耐久性の対極にある。ファッション産業が新奇性から成ることをよく心得ていたシャネルは、永遠性に価値をおかなかったのだ。

けれどもブランド論としてさらに重要なのは、シャネルが「本物」に反対したことだろう。オートクチュールの創始者ワースをはじめ、ポール・ポワレ、ヴィオネ等々、並み居るデザイナーが自分たちのデザインのコピー（既製服）の流通を規制しようとしたのにたいし、シャネルはこう言ってはばからなかった。「既製服がモードを殺すと良く耳にする。けれどモードは殺されることを望んでいるのだ。モードはそのためにこそある」

コピー＝偽物の流通は本物を殺すというのがオートクチュールの意見である。けれども、まったくコピーされず、模倣もされないような商品、つまり「はやらない」ブランドに、いったいブランド力があるのだろうか――シャネルはこの問いにノンと答えたのである。はやらなければブランドじゃない、偽物も生まれないようなブランドはおよそ最初から魅力がないのだ、と。

つまりシャネルは発想の「逆転」をやってのけたのである。ルイ・ヴィトンに代表されるような本物至上主義にたいして、シャネルはこう言ったのだ。偽物がなぜ悪い、偽物があってはじめて本物の価値がせりあがる、と。シャネルのこの「逆転の発想」は、十九世紀のブランド観をくつがえす力をもっていた。シャネルとともに、コピーを肯定し、ひいてはプレタポルテを肯定してモードをマスの裾野《すその》まで広げてゆく二十世紀モードが誕生する。

実際、ココ・シャネルは近代モードの革命児だった。彼女の服のデザインが何よりそうだ。「シンプル」と「活動性」をコンセプトにしたシャネル・ファッションは、長いドレスをひきずったそれまでの貴婦人スタイルを一掃した。しかも彼女は、それまでおよそファッションとは縁のなかったジャージーという粗末な素材を表地に使い、それを「あえてモードの王座」につかせて、それまでの絹至上主義を葬り去った。

こうしてシャネルはすべてにわたって十九世紀ブランドのコンセプトを覆してゆくが、このファッション界の革命児の「逆転の発想」を最もあざやかに語るものは、何といってもジュエリーのあつかいだろう。シャネルが出現するまで、宝石といえばもちろん「本物」以外に存在していなかった。アクセサリーとはすなわち貴金属と同義語であって、当然、それを身につけるのは上流階級のマダムたちに限られていた。

ところがシャネルは、わざと偽物のパールをジャラジャラと何連もかけたモードをはやらせたのである。その時のせりふが小気味良い。本物の首飾りをした上流階級にむかって、シャネルはこう言ってのけたものだ。「首のまわりに小切手をはりつけるなんて良い趣味じゃないわ」「大切なのはカラットじゃなくて、幻惑よ」。そうしてシャネルは「本物」の価値を下落させるため、ジャラジャラと本物と偽物のパールを混ぜてつけたのである……。

こうしてシャネルがブランド革命をやってのけたのは、もちろん自分のモードの「幻惑力」に絶大な自信があったからだ。若々しく、アクティブなシャネル・スタイルは、世界中にコピー商品を広げ、そうして偽物が広がれば広がるほど、カンボン通り本店の「本物のシャネル」のオーラは高まった。

コピーなくしてブランドはない。偽物がなければ本物もない——十九世紀のブランド観をラディカルに覆したシャネルは、マスの世紀である二十世紀をみぬいていたのである。

シャネルという名のフォード

シャネルとともに、二十世紀ブランドが幕を開ける。

なぜなら、シャネルは「二十世紀の帝国」アメリカを肯定した初のパリ・ブランドだからだ。「わたしはアメリカが好きよ。わたしはあの国で財産を築いたの」。シャネルのこの言葉は、アメリカ嫌いがそろった当時のパリのデザイナーたちのなかでとびきり異質に響く。

けれども、もちろんそれはたんに好き嫌いの問題ではない。シャネルがアメリカを好きだったのは、文字通り自分がそこで「財産を築いた」から、つまりアメリカが最大のマーケットだったからだ。シャネルの商才は、このブランド・マーケットの重要性を見抜いたのである。

シャネルとアメリカン・マーケット――そもそもシャネルのデビューが、この二つのあいだの絆《きずな》を象徴的に語っている。一九二六年、アメリカ版『ヴォーグ』にシャネルのデザインのワンピースが載った。シャネルの初のアメリカ・デビューである。ほとんど装飾のないシンプルなうえにもシンプルなその黒の服には、こんなコメントがついていた。「これは、シャネルという名のフォードだ」と。

シャネルという名のフォード。この言葉は、見事にシャネルの本質をついていた。なぜなら、コピーを肯定し、既製服を肯定したシャネルは、大量生産・大量消費のシステムをつくりだしたフォードの発想と見事にこたえあうからである。ヘンリー・フォードは、それまで上流階級の高価な贅沢《ぜいたく》品だった自動車をはじめて「大衆の乗り物」にした自動車王だ。大量生産を可能にするために、デザインをシンプルにした黒のT型フォードは、同じようにシンプルで同じように黒のシャネルとそっくりである。そう、おそらくシャネルもまた、わざとコピーされやすいようにシンプルなデザインをめざしたにちがいない。襟なしでほとんど四角の黒い箱のようなその服は、まさにファッション界のT型フォードだというにふさわしい……。

フォードの出現とともにアメリカが車社会を実現したように、シャネルもまた、ねらい通り大量のコピー（模造品）を流通させて一世を風靡《ふうび》した。アメリカでのシャネルの人気は本国パリを上回っていた。ハリウッドの大女優から一般市民にいたるまで、アメリカ人は最大のシャネル・ファッションの「お客様」だった。シャネル・ナンバー5がいちばん売れたのもここアメリカである。

シャネル以前にアメリカにわたったパリ・デザイナーのポワレが、たくさん出回っていた「偽ポワレ」に憤慨したのと反対に、シャネルは粗悪な「偽シャネル」の流行を容認した。理由は、前節で述べた通り、コピーなくして流行はないからである。

けれども、シャネルひとりが大量生産国アメリカに「ウイ」を言ったのは、もう一つ、理由がある。皇室御用達に始まった十九世紀のヨーロッパ・ブランドとちがって、シャネルは、金の絶大な力を信じていたのである。貴族の伝統のないアメリカがドルの力を信じているのと同様に。

そう、もしそう言えるなら、シャネルはこう思っていたのである。「ブランドはやはり金で買える」と。いや、むしろこういう言い方をした方がシャネルにぴったりだろう。

「シャネルという名は金になる」と。とにかくシャネルは金という二十世紀の支配力をゆめ軽蔑《けいべつ》などしなかった。彼女にとっては、皇室御用達の名誉より、多くの顧客の購買力の方がはるかにブランドを支える確かな力だった。

それというのも、シャネルは「生きたアメリカン・ドリーム」だからである。血統の力も伝統の力も借りず、無から成り上がって一代で「シャネル帝国」を築きあげたこの女実業家は、その人生そのものがアメリカ人の夢と重なりあっている。だからアメリカはシャネルびいきなのである。

十九世紀ブランドは言った。「ブランドは金で買えない」と。

ところがシャネルは言った。「ブランドは金で買える」と。

――どちらが正しいのか？　むろん、どちらも正しいのである。一生を賭《か》けてシャネルという名に神秘のオーラをまとわせ続けたこの女実業家は、ファッション産業が実体のない「虚業」であることをだれよりよくわかっていたのだ。そうでなければ、本物のダイヤよりシャネルのアクセサリーの方が高いなんてことがあるわけない。つまり、シャネルは自分の名をダイヤモンドにしたのである。

偽物を肯定し、永遠性に反対した女が、こうして「永遠のブランド」になる。何という歴史のアイロニーだろう。

エルメスが選んだ価値

エルメスとシャネルは不思議な縁で結ばれている。縁を結んだもの、それはファスナーとアメリカだ。

ファスナーの話からはじめよう。創業から数えて三代目、若きエミール・エルメスは、エルメス家ではじめてアメリカ社会を見てきた。軍隊に入隊して、革の仕入れのために軍の命令でカナダに派遣されたのである。第一次大戦の時のことだ。そのとき、エミールは自動車社会の急速な発展の実態とともに、いまだパリにはない小さなハイテク商品に出くわした。それがファスナーである。

ひらめきの早いエミールは、何かのときにつかえると思って大量に購入して帰国した。

そのファスナーこそ、婦人のハンドバッグの留め金の代わりに初めて使用されることになったモダン製品なのである。大ヒットして、エルメス社の独占特許になった。

ところが、独占のはずのそのファスナー仕様を大量に注文して、「のっとりか?」と疑わせたファッション・デザイナーがいた。それがココ・シャネルである。シャネルは、スカートの横あきに、それまでのフックに代わってファスナーを使いたいと思ったのだ。もちろん、婦人服にファスナーを使うのは世界初のアイデアである。

ところが、残念ながらフックとファスナーでは仕立てそのものがちがってくるから、シャネル社ではファスナーをつける技術がなかった。そんなわけで、しばらくのあいだシャネルのスカートのファスナー部分はエルメス社の職人が担当したという。

シャネルのモダニティーとエルメスの職人技とがクロスする面白いエピソードである。

そして、クロスするのはたんにファスナーだけではない。ファスナーの生みの国である「アメリカ」がここでクロスする。

そう、アメリカに直面したエルメスは、シャネルと真っ向対立する選択をしたのである。

いや、それは対立というよりむしろ「対決」というべきだろう。なぜなら馬具商エルメスは、熟慮のあげく、深い決断をもってアメリカに「ノン」を言ったブランドだからだ。

シャネルにとって自動車会社フォードの繁栄は、大衆消費のゆくえをしめすモデルであった。ところが、馬具商エルメスにとって、自動車の繁栄は自社の死を意味する。馬車の時代が終われば、馬具も御用なしになるしかないからである。

パリの自動車王ルノーの友人でもあったエミール・エルメスは、二十世紀が自動車の世紀でありアメリカの世紀であることを見誤らなかった。そしてエミールは、きたるべき馬車の時代の終焉《しゅうえん》を前にして、大英断を下したのである。馬具造りで培ってきた職人技をハンドバッグという新製品に転用することにしたのだ。馬具商エルメスからバッグ商エルメスへの転身である。こうしてエルメスは二十世紀に生き延びたのだ。

現在エルメスといえばあまりにも有名なスカーフは、さらにその後、四代目エルメスの創案にすぎない。馬具からバッグを主体とするソフトな革製品へ、これがエルメス社の根幹にかかわる――そして十九世紀と二十世紀の転換にかかわる――転身であった。経済大国アメリカを無視して、大ブランドはありえないからである。

けれども、こうしたエルメスの転身は、フォード・システムへの断固たるノンでもあった。つまり、エルメスは、大量生産を旨とし、熟練なしの機械的生産に徹したフォードと正反対の伝統的職人技に賭《か》けたのだ。「大量生産が普及すれば、逆に、少量生産のハンドクラフトの希少価値があがる」――エミールはそう考えたのである。

アメリカの大衆消費にたいして、エルメスはあくまで貴族的消費に賭けたのだ。ただし、それは、ノスタルジーや、機械生産にたいする反発といった「感情的」な選択ではさらさらなかった。エルメスがあくまで職人の少量生産に固執したのは、商人としての「計算」のうえにたった賭けだったのである。ブランドは希少性があってこそ価値がある――エミール・エルメスは、ブランドの希少価値をきちんと洞察していたのである。そう、大量生産の普及は、逆説的に少量生産の価値をせりあげる。ちょうど、偽物のはんらんが本物の価値をせりあげるのと同様に。

二十世紀のたそがれは、エルメスの賭けの正しさを証明したといえるだろう。大量生産の規格品にあきた大衆たちは、何年か待たなければ買えないものにあこがれて、行列してでも買おうとしているからだ。

そう、やっぱりブランドは「金では買えない」のである……。

「カワイイ」日本のわたし

それにしてもエルメス人気はすごい。銀座店オープン当初のあの行列こそ落ち着いたものの、同ビル五階の「エルメス・ミュージアム」の入場制限はいまだに続いていて、ショップからのOK待ちの顧客の数は減ってないという。

どんなに需要が増えても少量生産のハンドクラフトを守り続けるエルメスの戦略はものの見事に

あたったというべきだろう。大量生産・大量消費に飽きた大衆は、「すぐに買えない」ことじたいに新しい消費の快楽を見いだしたらしい。

けれども、そうしてエルメスの戦略にすっかりはめられているわれらが日本人の姿を目の当たりにするのは、ええっと、そう、恥・ず・か・し・い・ことではあるまいか——いや、まったく恥ずかしいことだとわたしは思う。というより、超高級ブランドと大衆の関係そのものが実は恥ずかしいことなのである。その「ちぐはぐ」な関係が何とも滑稽《こっけい》なのだ。

そもそも高級ブランドというものは一部特権階級のものであって、およそ大衆とは縁がないはずのもの。ブランドの誕生が皇室に由来していることは本稿の初めに述べたとおりで、ブランドが大衆に広まるというのは本来ありえない論理矛盾のようなものなのだ。

ところが、豊かな消費社会の展開はその論理矛盾をやってのけるのだからおそろしい。

しかも、われらが日本には、そのおそろしさを良くつたえている言葉がある。一日に何度となく耳にする、あるいは、つい口にしてしまうあの言葉。そう、あれです、あれ、例の、カワイイという言葉。いったいこのマジカルな言葉、すっかり定着してしまったのはいつからだろう。いまやカワイイはありとあらゆるモノとヒトにむけられて発せられるオールマイティーな語と化している。浜崎あゆみやモー娘。がカワイイのはもちろんのこと、田中真紀子もカワイイし、小泉首相なんてもう、チョーカワイイ！

こうして、本来ならカワイイはずのないものがカワイイものになってしまうこの矛盾、高級ブランドが大衆のものになってしまう矛盾ととても似ている。なぜなら、「カワイイ」とは、大衆たちがもともと自分の領域から遠いフィールドに在るものを自分の領域にとりこむために発するマジカル・ワードだからだ。ここでマジカルというのはたんなる修飾語以上のものであり、一種の感覚的な魔法のごときものである。まったく、この魔法をかけられて当惑したり憤慨したりしたことのあるシニア世代は少なくないにちがいない。

けれど、そんな当惑も憤慨も「カワイイ！」には勝てない。二十一世紀ニッポンの大衆はありとあらゆるものを消費の対象とし、すべてを自分たちのフィールドにひきよせることに成功してしまったのである。

もちろん、ひきよせることはイコールひき下げることである。

というわけで、決してカワイイものなどであるはずのない超高級ブランドが女の子たち御用達のカワイイものになってしまうこの不思議……。

きっとエルメス銀座店はさぞかしこの不思議をわかっていたにちがいない。その証拠に、数年前、西武百貨店でテナント・オープンの機会に開いた記念展は「不思議の国のエルメス」と名づけられていたではないか。

なんて言うのは冗談だけれど、日本市場のマーケットリサーチなど水ももらさぬ慎重さで行われたにちがいない。なにしろエルメスは創立百六十年記念の社史をわざわざ日本の漫画家に書かせて出版したブランドなのだ。カワイイのマジックもちゃんと計算ずみだったはず。

いずれにしてもエルメスの繁盛ぶりはカワイイ消費文化の全面展開を物語っている。もはやモノの消費に飽きてしまった大衆は、もしかして上のものを下にひき下げるのにも飽きて、自分たちがモノによって「引き上げられる」快楽がいちばん楽しいのかもしれない。

こうして日本というブランド市場を見わたしてみると、少しおおげさだが資本主義の変容がよく見えてくる——はじめにあったのはアメリカだった。二十世紀はアメリカの世紀、自動車産業が世界を制覇し、アメリカは世界の金持ちとなり、世界初のブランド消費国になった。それから一世紀、いまや世界一のブランド消費国はニッポンである。アメリカがいかに金持ちでも、貧富の差の激しい階級社会だから何でもカワイイになるわけにはいかない。カワイイ・マジックは日本大衆社会特有の現象なのである。

というわけで、かつてアメリカで自動車産業の幕開けに直面してあわや廃業の危機にひんした馬具商エルメスは、百年後の日本でその敵をしっかり取っている。カワイイ日本は老獪《ろうかい》なヨーロッパ・ブランドの思うつぼなのだ。ああ、情けない……。

舞台の上の女優のように

やっぱりエルメスには勝てない。

猫も杓子《しゃくし》もブランドにたかる大衆社会ニッポンの情けなさ、などと、偉そうなことを言いながら、何のことはない、ついふらふらと、わたしもエルメスに寄ってしまったのである。銀座で待ち合わせたのが悪かったのだ、地下鉄を出ればビルが見えるからつい……なんてのは弁解。

けれども、百聞は一見にしかず。思いがけない発見をした。考えてもみなかったことに気がついたのである。

入る時には「それ」が何なのか、良くはわからなかった。ただ一瞬、何か違和感を感じただけだった。そのまま店内を見てまわり、いいなと思ったカード入れの値段を確かめ、さあ帰ろうとビルを出てからだ。通りに出たとたん、今度は強烈な違和感に襲われた。たちまち「それ」が何であるのか了解した。

要するに、つまるところは都市空間の相違なのである。パリと東京の差異。エルメスが高級ブランド街の一等地を占め、観光名所になっているのはパリも東京も同じ。けれども、パリ本店と東京店では何かが全然ちがう。

たとえばその差はドアボーイの存在感ひとつにも表れている。パリはフォーブール・サントノレに建つエルメス本店にはカッコ良いドアボーイがそろっている。これはエルメスだけでなく、パリのブランドすべてに言えることだ。ルイ・ヴィトンしかり、シャネルしかり。ジャンポール・ゴルチエの店のドアボーイなど、スキンヘッドでキメて、泣きたいほどカッコ良い。まさに絵になっているのである。

しかもこれはブランドにかぎらない。ホテルでもそう。ぴしっと制服を着こなしたドアボーイは、貴族の伝統のあるヨーロッパ文化特有のもので、社交界でも、家の制服をつけた召し使いの存在は名門貴族の証《あかし》として不可欠のものだった。だからその貴族を顧客にする商人の方も、ドアボーイをおいて客を迎える。

そういう社交的な「歓待の掟《おきて》」がフォーマリティーを形成しているのだ。こうした伝統があるから、ドアボーイはそのメゾンの格を表しているのである。実際、あちらのブランドはいかにも敷居が高い。セレブ御用達で名高いホテル・リッツなど、ひとを寄せ付けない敷居の高さを感じさせる。だから、パリでブランドを買う楽しみとは、実に、この「高い敷居」を越える快感にひとしい。そう、ブランドとは虚栄の楽しさそのもの。私たちは虚栄心を満たすためにブランドを身につける。ヒトは虚栄の動物だから、それで良いのである。

ところが、情けないのは、肝心の買い物のときにその虚栄心を忘れてしまうことだ。まったく、海外のブランド店に集団で入ってゆくなんて、せっかくの虚栄心をドブに捨てるようなもの――そう思っているわたしは集団で行ったことは一度もないが、その逆をやってみたことはある。

逆って？　そう、実はパリで「偽の客」を演じて店の人をだましたのである。ルイ・ヴィトンのサンジェルマン・デプレ店でのこと。ホテルが近くだったので、毎日のように店を見かける。つい出来心で、買うつもりなどないのに中に入った。もちろん、買うような顔をして。なにしろ日本人のマダムはヴィトンの最上客。ていねいな扱いをうける。わたしは「確信犯」よろしく、日本円の力をバックに、すっとドアに立った。ドアボーイがさっとドアをあける。ボンジュールとほほえみながら、悠然と店に入ってゆく気持ち良さ。

パリならではのセンスの良いディスプレーに感心しながら、広い店内を見渡し、やおら店員に声をかける。あちらでは客が勝手に品物に触れないから、店員をわずらわすのである。「このニューモデル、ほかの色はないの？」「今年はその黄色と、あとはピンクです」「じゃあ、やはりこの黄色ね。持ってみていいかしら？」「どうぞ、どうぞ、マダム」

そんな風にさも買うようなそぶりをしながら、本気で買う気はまるでない。だが、むこうはわたしが「ひやかし」であるとはよもや気がつかない……。

要するにわたしは客を演じて楽しんだのである。つまりわたしは、買いもせずに、ブランド品を買う虚栄心を大いに満たし、そのうえ、舞台都市で優雅な「金持ちマダム」を演じるパリならではの楽しみも満喫したのである。実際、ブランドの楽しみは——少なくともパリでは——演じること、演じている自分をひとに見せ、自分もまたひとを見る快楽と一つのものだ。舞台都市パリでは、店はステージ、客は俳優なのである。

ブランドはエレガントな女を演じるのに絶好の小道具。その道具立ては、バッグを持つ時だけでなく、買う時からすでに始まっている。せっかく大枚はたくのなら、こぞって「いい女」を演じましょう——ね、女性のみなさん！

セレブがつくる夢の名前

自分のファッションについて、あなたはだれ（何）を参考にしますか——学期初め、学生たちを対象にしたアンケートで必ず聞くことにしている質問の一つである。

回答を読むと、その年々のアイドルがわかる。たとえば今年二〇〇一年は、浜崎あゆみがダントツの一位。男の子なら、福山雅治とか浅野忠信とか、それらしい名前があがっている。とにかくミュージシャンをはじめ、芸能人が圧倒的に多い。

つくづくファッションは模倣現象だと思う。服や髪形といったおしゃれの「はやりすたり」は、必ず人の「はやりすたり」とともにあるのである。現在はやっている人がやっているスタイルは、必ず一般大衆のあいだに広まっていく。アイドルのだれかがどこかのブランドを愛用すれば、必ずそのブランドはブレークする。好例が中田英寿のルイ・ヴィトンだろう。またローマ移籍が決定する前のころ、中田はおなじみモノグラムのキャスター付きのトランクを持っていた。良く似合っていた。その直後である。ルイ・ヴィトン社が同じモノグラムのトランクの注文殺到に悩まされ始めたのは。なにしろ、パリのルイ・ヴィトン本社はナカタなる名前の日本人が何者なのかまだ知らなかったのだ。「あの中田が持っているのと同じトランクを」という注文の山に、《Qui est NAKATA ?》と、日本社のスタッフたち。その後ほどなく彼は世界のNAKATAになったから良いようなものの、日本人がどれほど「有名人好き」か、良く物語るエピソードである。

たしかにブランドと有名性は切っても切り離せない関係を結んでいる。ブランドとは有名なモノであり、有名人とは有名なヒト、いずれもネームバリュー現象だからだ。ヒトでもモノでも、とにかく日本人は有名性に弱い。

といって、日本人のこの有名人好みをいわゆる日本人論にしてしまうのはちょっとちがう。なぜなら、この病気もまた先進国があるからだ。どこの国ですって？　ええ、またもアメリカ。いま問題の渦中のあのアメリカです。

事実、アメリカはまさに有名人好きの本家本元。なにしろアメリカン・ドリームの国だから、成功と名声への執念は日本人の比ではない。セレブリティーはアメリカ人の究極の夢、「カワイイ」どころの話ではないのである。

実際の話、今日的なブランド誕生シーンにはアメリカン・セレブリティーが大いにかかわっている。まずハリウッド・スターたちがそう。オードリー・ヘプバーンがジバンシーを愛好し、『麗しのサブリナ』はじめ数々の名画でジバンシーの名を広めたのは良く知られているが、もっとも名高いのは何といってもマリリン・モンローのシャネル・ナンバー5だろう。インタビューで「眠るときにはシャネル・ナンバー5」と答えたモンローのせりふは、メディアをとおして世界中に伝わった。おかげでシャネル社の香水は世界一の売り上げを誇って現在に至っている。「有名物」であるブランドは、「有名人」の有名性を利用するのである。

だとしたら、ここらへんでちょっと疑問が発生しないだろうか？　たとえば次のような。

――シャネルとモンローはいったいどちらが有名なのか？

実のところ、この問いはちょっと答えがむずかしい。モンロー全盛の一九五〇年代は、シャネル＜モンローだったかもしれないが、それでもシャネルはすでに全米で憧《あこが》れの名であり、一九三〇年代、ハリウッドの映画界が沈滞したとき、映画のなかでシャネルのデザインを見せれば観客動員になると、破格の交渉料でハリウッドに呼ばれたほどだったのだ。ロングランで見ればシャネル＝モンローが妥当な回答というところだろう。

ついでに応用問題でもないのだけれど、中田とルイ・ヴィトンでは、もちろんヴィトンの方がビッグネーム。それでは、バーキンとエルメスでは？　これもまたエルメスの勝ち。というのもバーキン、少なくとも日本では女優としてよりむしろ「あのエルメスのバーキン」として名高いからだ。

ほんと、ハンドバッグの方が人より有名だなんて、良く考えるとばかばかしいような事態が堂々まかりとおるのがこのブランドという現象の不思議なところ。こうしてセレブたちの名前をあげていけば、ネームバリューという名の妙な「名の値段ゲーム」ができあがりそうだけれど、それにしてもアメリカと日本は有名性が好きな国だ。いずれも貴族の伝統が皆無にひとしい大衆社会だからだろう。

大衆社会には、セレブリティーという夢が咲く――そんなドリームのシンボルでもあったあのツイン・タワーが潰《つい》え去った二十一世紀、ブランドのゆくえはどうなるのだろう。

ボディーがブランドになる時代

健康ブームが続いている。スリムなボディーを手にいれようと、ダイエットにはげむ女たちの数はいっこうに減る気配もない。

ところでこのダイエット文化、いったいいつから始まった現象かといえば、またしてもこれが二十世紀アメリカなのである。

それというのも、ヨーロッパの貴族社会に花咲いたレディーたちはみな「コルセット」をつけた美女だったからだ。時の貴婦人たちを顧客にしたオートクチュールはコルセットとともに存在したといっても過言ではない。

そんな十九世紀ヨーロッパ社会の黄昏《たそがれ》とともに、コルセットにアンチするデザイナーが出てくる。まず第一はポール・ポワレ。ポワレこそは反コルセット・モードを打ち出して「コルセットからの解放」をやってのけた立役者だ。けれども、ポワレの革命をさらに推し進め、服飾史上に金字塔を打ち立てたのはいわずと知れたココ・シャネルである。シャネルとともに、アクティブに「動く身体」がモードになる。

例の胸すくようなたんかを切って、シャネルは言ってのけたものだった。「それまでのデザイナーは、召し使いに靴下をはかせてもらうような女たちを顧客にしてきたわ。だけどわたしが顧客にしたのは、活動的《アクティブ》な女性だった。活動的な女性には楽な服が必要なのよ。そでをまくりあげられるようじゃなきゃ駄目」

大事なことは、このシャネルが大ヒットしたのはヨーロッパ本国よりむしろアメリカだったということである。貴族文化のないアメリカには、「召し使いに靴下をはかせてもらうような女たち」より、「活動的な女性」の方が圧倒的に多かったからだ。

ところが、皮肉なことに、この「活動」はいわゆるキャリアでもあったけれど、それ以上にダイエットやエクササイズにはげむ身体でもあった。

なぜなら、アメリカでは身体がサクセスのかぎを握っていたからである。コルセットから解放された肉体は、いわばコルセットを内面化して、「美しいボディー」になろうと競争をはじめたのだ。

身体のエクササイズなら、貴族の血統とは無関係に、だれでも努力すれば始められる。こうして平等社会アメリカにダイエット文化が花咲いたのである。

何という歴史の皮肉だろう、コルセットからの解放が、「夢のボディー」への競争の始まりをつくったとは……。アメリカは文字通りのボディー・コンシャス社会となり、身体はアメリカン・ドリームの強力なかけ金と化したのである。あのマリリン・モンローにしても、このようなアメリカン・ドリームがつくりあげた象徴的アイコンにほかならない。

こうして二十世紀に始まったボディー・コンシャス文化はグローバル化して世界に広まり、もちろん日本にも上陸してきた。過食症と拒食症にはじまる一連のダイエット病症候群はここに詳しく描写するまでもないだろう。

何がなんでもスリムでビューティフルなボディーが欲しい――こうしてエスカレートしていく欲望は、エステ産業の栄えをうみだした。それまでは娼婦《しょうふ》しかしなかった化粧を、ふつうの女たちがやり始めたのもやはりこの二十世紀。ハリウッド女優を顧客にしてマックスファクターが化粧品産業を開始したのが世紀初頭のこと。以来、口紅からおしろいまで、化粧品の普及はめざましかった。

つまるところ、二十世紀とともに、ブランドは「衣装」ではなく、「身体」に移行しはじめたのである。有名なデザイナーではなく、有名なボディーが女たちの憧《あこが》れを呼び始めたのだ。自分もまた、あんなにきれいな顔になりたい、あんなに美しいボディーになりたい、と。

ブランドはいつの間にか直接に身体を素材にするようになったといってもいいだろう。映画からＣＭまで、美を誇る肉体のイメージがメディアにあふれ、大衆のサクセス願望をあおりたてる。いまや衣服ではなく、ボディーがブランドと化しているのである。

こうした流れを加速化したのがスーパーモデル現象だ。パリコレやニューヨーク・コレクションなど、モードがメディアをとおしてマスに届くようになってから、ファッション・モデルのタレント化がたいへん目立っている。その極めつきともいうべきがナオミ・キャンベルだろう。実際、ナオミ・キャンベルは自分の名をブランドにして香水「ナオミ」を発売してしまった。

もはやデザイナーでなく、ボディーがブランド。であればこそ、第二のナオミをめざして、スーパーモデルに挑戦する女の子たちが続出しているのだ。よりスレンダーに、よりビューティフルに——かくして女の子たちは電車のなかでせっせと化粧にはげむ……。身体のブランド化現象はどうやら二十一世紀になってもとまらないらしい。

「永遠」と「現在」のバランス・ゲーム

今年はディオールが流行しそうな様子。ルイ・ヴィトンの流行も去年から引き続き——なんてせりふを、わたしたちは何げなく使っている。実はそこには矛盾があるなどと思ってもみずに。

ところが良く考えてみると、そもそも「流行」と「ブランド」はそんなに仲が良いはずはないのである。むしろ両者は対立する関係にあるといってもいい。

それというのも、特にバッグやトランクの場合がそうだが、ブランド神話を支える大きな要素の一つに「堅牢性《けんろう》」というものがあるからだ。どうせバッグを買うのなら丈夫なのがいい。「一生もの」という言い方には、こうした堅牢性志向が含まれている。ルイ・ヴィトンやエルメスの人気の一端を支えているのもこの堅牢性にほかならない。

ということはつまり、ブランドの価値は「永遠性」にあるということである。ときどきのはやりすたりを越えて、永遠に変わらないもの。やっぱりそれがブランドのありがたみなのだ。

ところが、ブランドならではの永遠性の魅力は、ひとつ見方を変えれば、「だからブランドものはダサい」というロジックにつながるのだから、コトはややこしい。

そう、はやりすたりのモノは、今という特権的な時のきらめきを帯びて、いわば「はかなさ」の魅惑を放っている。流行の魅力は、刻々とうつろいゆくはかなさに在るのであって、永遠でないからこそモードはモードなのである。だから永遠に変わらないものはモードの外《アウト》、おしゃれな人種は敬遠してしまう。たとえば、いわゆるストリート系ファッションの女の子が、「シャネルっておばさんのものでしょ」と言うように。

ことほどさように、流行とブランドは本来、相いれないはずのものなのである。ところが、そのシャネルが女の子にうけてシャネラーを生みだしたように、近年のブランド・ブームは相いれないはずのこの二つの奇跡的な相互乗り入れの産物だといってもいい。

始まりは、やはりグッチの「バンブー」旋風からだろう。一九九四年、このイタリアの老舗ブランドはアメリカの若手デザイナーのトム・フォードを起用し、永遠性という名のもとに流行とはさっぱり無縁だったグッチ・ブランドを今をときめく「はやりもの」に変身させた。それまで金持ちマダムにしか縁のなかったバンブー・バッグがあっという間にカワイイものの仲間入りをしてギャルたちのあこがれの的になったのだ。流行と永遠が妙なバランス・ゲームを始めたのである。

軌を一にして、他のブランドもグッチにならえとゲームに乗り出した。ヨーロッパの老舗ブランドが次々と英米系の若手デザイナーを起用して、モードの仲間入りを図りはじめたのである。ルイ・ヴィトンはアメリカの人気デザイナー、マーク・ジェイコブズを抜擢《ばってき》し、バッグのデザインに大胆な新機軸を取り入れた。ご存じエピやヴェルニなど、いわゆる「モード系」バッグがそれである。エルメスも負けてはならじとばかり、ベルギーの若手デザイナー、マルタン・マルジェラを起用してプレタ部門を開設、ブランド・イメージの若返りをはかる。

こうした老舗ブランドの経営戦略がどれほど当たったか、その成果のほどは改めて述べるまでもないだろう。おかげでモードとブランドは妙な仲良しになって顧客層を広げ、高級ブランドはストリートにまで広がった。

かくして永遠性とはかない今が同居する、考えてみれば摩訶《まか》不思議な現象が成立したのである。

永遠性のオーラをかざしつつ、流行の波も利用しようという巨大ブランドの経営戦略のしたたかさと言ってしまえばそれまでだが、こんな奇妙なバランス・ゲームが成立するのは、実のところわたしたち消費者の方も大きな矛盾をかかえこんでいるからなのだ。

実際、わたしたちは、他人とちがっていたいけど、同時に他人と「同じ」でありたい。ヒトはそういう矛盾した存在なのである。わたしたちは、他人とちがったものを身につけて差をつけたいと思う。この差異化願望ゆえにブランドを買うのである。けれども同時に、不特定多数がつくりだす現在のときめきにも無関心ではいられない。今にきらめく旬のものがあれば、自分もそのきらめきを共有したい。要するにわたしたちは他人と同じものに染まりたいのである。

ということはつまり、モード寄りのブランドはまさに鬼に金棒、差異化願望だけでなく、わたしたちの同一化願望も満たしてくれるということなのだ。というわけで、二〇〇二年もブランドはますます繁盛の一途──ではないでしょうか。いやはや。

「名」の百年とそのゆくえ

ただのバッグにすぎないものが、もしもシャネルの名がつくと、たちまち何十万円の品につりあがる。まったくブランドは魔術的な現象である。名前というものの呪術《じゅじゅつ》性をこれほどまざまざと思い知らされる現象もほかにない。

ところでこの名のマジックが近代の産物であることはすでにみたとおり。デザイナーの名前がものをいうようになる以前、貴族社会では商品に信用と権威をあたえたのは顧客である王族の方だった。なぜなら貴族社会はそもそもからして家名の社会であり、デザイナーの名前ごときが「氏《うじ》」の力を凌駕《りょうが》するなどありえないことだったからである。権威のオーラを放っていたのは名門の名前だった。名の魔力は商品の作り手ではなく、使い手の方にあったのである。

作り手と使い手のこの関係が逆転し、デザイナーという作り手の名がカリスマ性をもつようになったのが資本主義社会だが、同時にその名は「ロゴ」というかたちで商品のデザインの一部となり、商品と切っても切りはなせないものになった。そこから現代までは一直線、あっという間にロゴは巷《ちまた》にあふれ、いまや街を歩けば「名前がいっぱい」である。現在、ブランドの名の威力は最高潮といってもいいだろう。

ところで同じ現在、こうしてカリスマ性をふるっているブランドという名のかたわらで、かつての貴族の名の失墜に負けない勢いで急激に権威を失いつつあるもう一つの名前がある。「作者」の名前である。

それというのも、ルイ・ヴィトンのような商人の名がようやく世間に通りはじめた十九世紀は、芸術作品の作者の名が権威を持ちはじめた時代でもあったのだ。

フランスならヴィクトール・ユゴーなどその極めつきで、ユゴーのネーム・バリューのすごさのほどは、当時の新聞社が長編『海で働く男たち』を新聞連載にと申し出た際の契約金の額からもうかがいしれる。新聞社は何と五十万フラン、日本円に換算してざっと五億円を申しでたという（しかもユゴーはそれを断って単行本で出した！）。

そのユゴーをはじめ、バルザック、デュマ、フローベール、ゾラなど、活字メディア大流行の十九世紀、作者の名は権威のオーラに輝いていた。日本でも事情は変わらず、夏目漱石、森鷗外、永井荷風など、文豪のカリスマ性を存分に発揮した文人といえるだろう。

その明治が終わって、大正、昭和と時がたち、やがて平成の到来とともに二十世紀が暮れて、二十一世紀の幕があがる――その間百年と五十年あまりの時の流れのなかで、いつしか作者の名のオーラは見る影もなく薄れきっている。そう思うのは私だけではないだろう。

学生に聞けば、はっきりしている。

「スタンダールって知ってます？」と聞いたら、まず知らないのが圧倒的多数。わずかに勉強好きのマイナーな学生が、「名前、聞いたことがあります」と言う程度だ。バルザックについてもゾラについてもほとんど事情は変わらない。ゲーテだって、シェイクスピアだって、もはや知られてないのではと疑うほどだ。お札のおかげか、夏目漱石はさすがに知っていても、坪内逍遥なんてまったく知られていない。全員が「ショーヨーってだれですか？」と同じ答えをする。

ところがその学生たちが、商人の名前なら、いやになるほど知っている。シャネル、エルメス、グッチ、プラダなどの大物はいわずもがな、ケイタ・マルヤマ、ツモリ・チサトなど、その数知れず、さながら「マイ・ブランド」のにぎやかさである。

そう、電子メディア大流行の時勢とともにいつの間にか「われらが文豪」は死滅して、「マイ・ブランド」が花盛り。二十一世紀はまさに大文字の「作者」の死の時代である。パソコンという双方向メディアは書物という一方的メディアの終焉《しゅうえん》を招いたのだ。実際、インターネットにおける著作権問題が議論の的になっているように、いまやだれもがマイ・ブックの著作権者、一億総作者の時代なのである。

というわけで、ブランドと芸術と、名の百年をふりかえってみれば、いつの間にか、作者もろとも芸術の権威は地に堕ちて、ブランドの権威がのさばるばかり……。

というのはもちろん半分ジョークであって、もともと権威はお金で買えないもの、だからこの二十一世紀はつまるところどこにも権威のない時代なのである。神々が死に、父の権威が死に絶えて、女という消費の女王様たちがどんどん元気になってゆき、「そして誰もいなくなった」的世界のなかで、マイ・ブランドだけが増えてゆく——心寒いこの二十一世紀、権威なき空の下をあてどなく漂うマイ・マインドのゆくえはいったいどうなるのだろう。

（二〇〇一・四—二〇〇二・三）

ブランドの戯れ

パリの詩人ボードレールは母のことをこう語っていた。「私は母をそのエレガンスゆえに愛した」と。詩人の思い出のなかで母は永遠に美しいひとりの女であり続けたのだ……。

ブランドというと、ボードレールのこの言葉があざやかに心によみがえってくる。なぜならブランドは大人の女にこそよく似あうものだからだ。ことに、パリでは——。

なにもそれは、パリがヨーロッパの伝統を大切にする都市だからという理由ばかりからではない。そうではなくて、およそブランドというものはどこかコンサバティブなものだからである。

そう、ブランドとは時の流れのなかで《熟して》いるもの。生まれたばかりの青臭い生ものの匂いほどブランドから遠いものはない。ドレスでも、バッグでも、香水でも、ブランドからくゆり立つのはノスタルジックな時の記憶の香り。だからこそ——たとえばゲランの名香ミツコがその典型であるように——名高いブランド品には大人の女がよく似あうのだろう。

しかも、それでいて、ブランドにまつわる時の魅力は、ノスタルジーとまるで逆のそれをふくんでいるから話はややこしい。

なぜなら、ブランドは現在《いま》という特権的な時のきらめきに輝いていなければならないからである。そういえば、「記憶の詩人」ボードレールは同時にこんな言葉ものこしていた。「わたしたちが美しいドレスを見て感じるよろこびは、現在が現在として表現されたよろこびにほかならない」と。

詩人が語るとおり、モードがわたしたちを魅惑するのは、それが現在というはかない時のときめきに輝いているからだ。女たちは、モードが放つ現在のときめきを身にまとい、その輝きをともにしたいと思う。

ということは、ブランドが不思議な手品にも似た離れ業をなしとげなければならないということだ。つまりそれはモードという現在の魅力と、伝統という永遠の魅力を、二つながらそなえていなければならないのである。

たとえば、かつてニュールックと呼ばれて世界を騒がせたディオールのドレスの数々——活動性と実用性に傾いていたアメリカン・ファッションをラディカルに覆し、ウエストを細くしぼって、クラシックな女らしさを鮮やかに蘇らせたディオールのドレスは、実用性の世界を遠く離れ、「夢」がそこに咲いたかのような美しさに輝いている。ディオールが無類の花好きで、そのデザインにしばしば花の名がつけられたのは偶然ではない。ディオールが残したドレスの数々は、まさに花のように永遠に美しい。

けれども、いまふれたとおり、その永遠の花を色褪せないようにするには、《現在》というつかの間の時の香りのエッセンスが要る。ガリアーノがディオールにくわえたタッチは、まさに西暦二〇〇〇年という現在のスキャンダラスな香りがする。

実際、ガリアーノの手がくわえられたディオールは、まるで永遠と現在のあやういバランス・ゲームを楽しんでいるかのよう。見ながらわたしたちは、ブランドの手品を目の当たりにしているような不思議な思いに誘われる。

一枚のドレスでノスタルジーとスキャンダルを同時に表現するなんて、何とゴージャスで手のこんだ魔術なのだろう……。

といいつつ、だからこそ女たちはこの魔術に心ひかれるのだろうと思う。そういえば、女という存在がそもそも実用性から遠いものではないだろうか。なぜって女はそもそもがイメージだから。人目をあざむいて幻惑するもの、それが女なのだから。

――口紅をひき香水をつけてつくり顔をしたあなた、それってほんとうのあなた？　それともそれは嘘のあなた？　なんて問いはそもそもからナンセンスにできている。イメージに嘘もほんとうもありはしないのだから。大切なのは、秘密めかした神秘のオーラ。ひとからひとへと語りつがれる物語のざわめきや伝説の数々……。

在るとも無いとも、真実とも嘘ともつかぬその伝説のオーラあればこそ《女》はひとを幻惑してやまない。そう、まるで《ブランド》そっくりに。

そうだとすれば、結局、女とブランドは魂の姉妹ということなのだろうか——。

（二〇〇〇・三）

ブランドとカリスマのおかしな関係

はじめにアメリカがあった

日本人はなぜこれほどブランドが好きなのか——こう聞かれるたびに、「ちょっと待って」と言いたくなる。

というのも、たいていの場合、こうたずねる人たちは、「日本人はオリジナリティがないから」、「日本人は同一化願望が強いから」といった国民性の問題を暗に想定しているらしいからだ。

それもあるかもしれないけれど、そういうレベルで考え始めると、ブランド現象の本質が忘れ去られてしまう——なんてもってまわらず、ストレートに答えてしまおう。いったい日本人はなぜこんなにブランドが好きなのか？　それは、日本人が金持ちだから、なのですね。

もちろん、構造不況の日本、バブルに踊った八〇年代の消費熱は遠い昔の話だが、企業の設備投資はいざしらず、ハンドバッグや洋服程度の個人消費のレベルなら、バブルがはじけても急に欲望が「清貧」にもどるわけではないのである。いちど贅沢を味わい知ったわたしたちの文化的遺伝子は不況になっても死滅したりしない。

実際、視野を広げて地球を見回せば、日本を追って経済成長を遂げたアジア諸国でもブランド熱は急速に広まっている。韓国しかり、台湾しかり。バブルに沸く香港など、今にもブランド天国になりそうな気配濃厚ではないか。

ということはつまり、国民性うんぬんというよりも、経済力のあるところには必ずブランド消費の花が咲くということなのだ。

その良い証拠がアメリカである。日本やアジア諸国より桁違いに「金持ち」の経済大国アメリカを忘れて、「日本人のブランド好き」を論じるのはナンセンスというものだ。

実際、第二次大戦後、「世界の金持ち」に成り上がったアメリカはまさに歴史上初のブランド消費大国だった。シャネル・ナンバー5の売上がトップなのもアメリカなら、シャネル・スーツがいちばん良く売れたのもアメリカ、華麗なディオールの衣装を身につけた顧客もハリウッドの女優たちである。

こうしてブランド消費大国アメリカの歴史を想起すると、ブランド現象の一面がくっきりと見えてくるのが面白い。

それというのも、かれらアメリカ人はそうして金を使って高級ブランドを購入しつつ、いったい何を求めていたかというと、パラドキシカルにも金で買えないものを求めていたからである。金では買えないもの——すなわち、貴族性《ロイヤリティ》を。

実際、ロイヤル・ブランドとはよく言う言葉だが、ブランドの歴史的発生を辿ってみれば、ブランドとはそもそもからしてロイヤル・ブランド以外ではありえないのである。

そのまたはじめにフランスがあった

近代ブランドの歴史的誕生をふりかえってみれば、事は明白。

シャネルといいディオールといい、ルイ・ヴィトンといい、アメリカ人が買ったファッション・ブランドはほとんどがフランス製である。「メイド・イン・パリ」のマークは夢のオーラをおびて煌めいていた。そして、その夢のパリ・ブランドは、もともと皇室御用達から誕生したものにほかならない。

ルイ・ヴィトンを例にとろう。ルイ・ヴィトンの創業者ルイは、もともと第二帝政の后妃ウージェニーの衣装を収める木箱商人だった。完璧な梱包をやりおおせたルイは、皇后のおぼえめでたく、たちまち御用商人となる。それが世界のトランク商ルイ・ヴィトンの始まりである。時は十九世紀半ばのこと。ヴィトンはそこから出発して木箱からトランク造りへ、さらにトランクからハンドバッグへと商品を広げてゆくのだが、肝心なことは、このヴィトンに「信用」と「権威」をあたえたのが、顧客の皇室だったという事実である。

いいかえれば、ルイ・ヴィトンは顧客の「権威」をバックボーンにして歴としたブランドになりあがったのである。そして、これはヴィトンだけでなく、今日、世界のブランドとして名を馳せているフランス・ブランドのたいていが同じ道をたどっている。宝石商カルチエしかり、香水商ゲランしかり。いや、何よりオートクチュールの始祖ワースからして、出発は后妃ウージェニーの愛顧だった。

いずれのブランドも、顧客が王侯貴族であるということが、そのブランドに神秘のオーラをあたえたのである。ふたたびヴィトンを例にとって、あえて禅問答みたいな言い方をすれば、「ルイ・ヴィトンはルイ・ヴィトンだから価値がある」のではなく、「ルイ・ヴィトンは顧客が皇室だから価値がある」――であったのだ。

こんな禅問答的表現をあえてするのは、ほかでもない、ブランド現象とは一種の「権威」現象でもあるからだ。権威といってピンとこなければ、ほら、近ごろ良く使うではありませんか、カリスマ○○という言い方を。ブランドとはまさにそのカリスマ現象。ただの商品が摩訶不思議なカリスマ性を帯びて、単なる商品以上のものになりかわってしまう、考えるほどに不思議な現象なのである。だからこそブランド誕生の起源《オリジン》には皇室が登場するのだ。皇室こそ、生ける権威《カリスマ》そのものだから。さきほど、ブランドとはそもそもロイヤル・ブランド以外ではありえないと言ったのは、こういうわけなのである。

大衆《マス》と貴族のあいだ

話を最初にもどせば、「世界の金持ち」アメリカ人がブランドに求めたものは、まさにこうしたロイヤリティだったのだ。絶対に金で買えない「生まれ」というものを、金で買いたいと思うこのパラドクス――同じことを逆に言えば、本来金で買えないはずのものが金で買える「商品」と化す現象がブランド現象なのである。十九世紀ヨーロッパ、宮廷文化の伝統をひきつつ、皇族や貴族といった特権階級だけが享受していた贅沢が商品化して広く大衆にまで伝播してゆくことで、現代のわたしたちが知るような、いわゆるブランド品が生まれていったのだ。

それとともに、ブランド誕生の起源《オリジン》は忘れられて、いわば商品がそのオリジンを吸い取ってカリスマ性を帯びてしまう……。そう、時とともに、「ルイ・ヴィトンは顧客が皇室だから価値がある」ではなく、「ルイ・ヴィトンはルイ・ヴィトンだから価値がある」ということになってしまったのである。

そうしてブランドは大衆のものになった。生まれの良し悪しとかかわりなく、金さえあれば誰でも買えるものに――かくて世界で最初のブランドの「お客様」であるアメリカ人が誕生したわけなのだが、さすがデモクラシーの国と言うべきだろう。生まれとはかかわりなく、金さえあれば誰でも高級品が買えるし、誰が身につけていてもおかしくない。ヨーロッパ生まれのブランドは、アメリカという市場を得て初めて「平等」と結びつき、ここで初めて「マス」と「高級品」がドッキングしたのである。

考えてみれば、相容れない二つのもののミスマッチな結合が誕生したというべきか……。

実際、ブランドの本場であり、売り手でもあるヨーロッパでは、いまでも「マス」と「高級品」はマッチしない。若い世代や普通の人びとがブランド品を持ったりすることはフランスなどではまずありえない光景だ。高級ブランドを持つのはごく一部の富裕な階層にかぎられている。歴史の記憶が、薄まりながらも消費行動に生きているのである。

あのココ・シャネルは、自国フランスのこの階級文化を批判して名セリフを残したものだ。「フランスにはマスのセンスが欠けている」と。だからこそシャネルはアメリカをマーケットにしてシャネル・ブランドを築きあげたのである。卓抜なビジネス・センスを持ったシャネルは「マスの帝国」アメリカがよくわかっていたのだ。

そのシャネルはまた、貴族性《ロイヤリティ》という起源を忘失させることにも熱心だった。

実際、歴代のデザイナーのなかでもシャネルほど自分のカリスマ性に敏感でネーム・バリューに固執したデザイナーはいないだろう。みずから生まれに恵まれず、貴族性とは何の縁もなかったシャネルは、マスとブランドのミスマッチなドッキングを極めて意識的にやってのけた初のデザイナーといってもいい。

だからこそシャネルは「偽物」を肯定したのである。ポール・ポワレからディオールまで、当時のオートクチュリエたちがそろってデザインの盗用に反対し、アメリカに出回る偽物《コピー》を取り締まろうとしたのにたいし、シャネルだけは平然とコピーを放置していた。それどころか、「型はシンプル、色は黒」というデビュー当時のシャネルのデザインは、わさわざコピーされやすいデザインを狙ったのではないかと思わせるほどである。

事実、そのシャネルのプチット・ドレスを評して、アメリカ版『ヴォーグ』は車のフォードにたとえたものだ。歴史上初の大衆車フォードは言うまでもなく大量生産・大量消費のシステムの産物。そのフォードにたとえられるシャネルのドレスは、大量の既製服＝偽物の流通をゆるす商品ということにほかならない。

そうしてシャネルはアメリカ市場に大量の偽物を流通させ、そのことによって本物の価値をいっそうつりあげた。偽物の流通はブランドの名を広く大衆に認知させ、その有名性によって本物の価値をせりあげる。シャネルはそれがよくわかっていたのである。彼女に言わせれば、誰も模倣したくならないようなデザインははじめから魅力がないのだ。模造品の大量流通は、本物をいっそう価値化するのである。

現代モードの革命児シャネルはブランド・コンセプトについても革命児だったというべきだろう。シャネルとともに、高級ブランド品のカリスマ性はロイヤルな顧客という起源から離床して、「有名性《セレブリティ》」という現代性をまとったといっていい。

実際、シャネルは世界のビッグを顧客にしたが、だからといって顧客の権威のオーラを借りたことなどいちどもなかった。シャネルのブランド・コンセプトは、はじめから「シャネルはシャネルだから価値がある」以外にありえなかったのだ。彼女にとって、シャネルというネームこそすべてのバリューの源泉だった。伝記作者が明言している。「シャネルはシャネルと名のつくものはすべて高価だと信じていた」と。

つまりシャネルこそ、どのブランドにもまして「ネーム・バリュー」を特権化し、つまりは自分の名前をカリスマ化したデザイナーなのである。彼女とともに、カリスマの起源＝根拠はデザイナーの名前となり、その有名性と化したといっても過言ではない。

こうしてみれば、貴族文化の伝統をもたない新興国アメリカがどのデザイナーよりシャネルを愛したのは当然というべきで、アメリカとシャネルは「似たものどうし」だったのである。

そう、アメリカでは、生まれにかかわらず、巨万の富を築いた人はたちまちセレブに成り上がり、ブランドを持つにふさわしい人間となる——マスの国はセレブが好き、そしてセレブはブランドが好き。有名な人と有名な物は、たがいにたがいをひき立てあう。

こうしてブランドは、ロイヤリティという起源からはるか遠く、膨大な大衆のレベルにまで降りてきたのである。

カリスマのゆくえ

そしてブランドは日本に上陸した。

皇室が存在するとはいえ、戦後日本はアメリカ以上に「大衆」の国である。アメリカは、日本に比べればそれでも貧富の差の激しい階級社会であるのにたいし、一億総中流意識が蔓延した日本はまさしくマスの国そのものだ。

だから日本では、セレブどころか普通の高校生や中学生までがブランドを買う。最初にふれたとおり、いずれアジアの他の諸国もそうなりそうな気配だが、ここで面白いのは、現代日本のファッション・シーンに著しい「カリスマ多発現象」である。

実際、メイクからヘアーまで、カリスマという言葉が出現してもうどれくらい経つだろう。カリスマ美容師、カリスマ店員、カリスマ主婦まで、プチ・カリスマの氾濫である。そういえば、某女性誌の「カリスマ読者」なんて、わけのわからない言葉もあったっけ……。

人気があるヒトを、「セレブ」や「有名人」でなく、カリスマと呼ぶのが面白い。これまで述べたとおり、ブランド現象とはまさにカリスマ現象にほかならないからである。

私見だが、日本におけるこうしたプチ・カリスマの氾濫は、日本がアメリカにもまして大衆化社会である証だと思う。アメリカのセレブは功なり名とげたアメリカン・ドリームの体現者であり、それなりの特権層である。これにくらべ、日本にはそれに相当するような特権層は存在しない。だからこそ、ふとしたことから時の戯れで人気者になり、たちまち有名になるヒトが存在しうるのである。それも、私とほとんど変わらぬ、タダのヒトたちのなかから。

こうして時の脚光を浴びるヒトは、その昔はスターと呼ばれ、次にアイドルと呼ばれ、どんどん身近になって、とうとう、私のとなりにいるあなたになってしまった。あなたも、私も、もしかして、明日はカリスマ——こうした超平準化状況が、パラドキシカルに、時の人にカリスマという権威的な冠を授けているのだと思う。

そう、あまりに権威のなくなったこの大衆社会、みな「権威」が欲しいのである。

だから、タダの商品でありながらカリスマ性のある商品たるブランド品を身につけて、権威のオーラを身にまとわせる。差異化願望を満たそうとするわけである。確かにこれが、日本人のブランド好きの理由の一端ではあるだろう。

けれどもそこには、何だか「似合わない」という印象がついてまわる。冒頭にふれた、よく聞かれる質問も、ここのところのミスマッチ感覚に触れてのことだ。「日本人はなぜこれほどブランド好きなのか?」という問いは、その口の端に、「似合ってもいないのに……」という批評意識をただよわせている。

そして、その批評意識は確かに当を得ているのである。選良性と希少性あればこそオーラのあるブランドが、広くマスにゆきわたってしまえば、選良性は無と化してしまう。四人に一個とも三人に一個とも言われるルイ・ヴィトンなど、いまさら持ってみても何の差異化も果たせない。確かに「マスの天国」たる日本で、セレブでも何でもない大衆がブランド商品一つで「ロイヤル」なオーラをただよわせるのは至難の業に近い。

実は、それを痛く実感した覚えがある。

銀座のエルメス店をのぞいたある日のこと。小雨まじりの日で、折り畳み傘を持っていたのを覚えている。レンゾ・ピアノの設計になるカッコ良いビルのドアをくぐるのに、濡れた傘入れ用のビニール袋を手にしているのが何ともそぐわない気分だったので、記憶が鮮明なのだ。そして、わたしの違和感は、それだけではなかった。パリの本店とは何かちがう、という感覚が全身を通りぬけた。それが何かは判然としないまま店内を見てまわり、さあ、帰ろうとドアを背にした途端、「それ」が何なのかハッとわかった。

パリ本店にはあって、銀座店にはないもの、それは一種ヴァニティな感覚である。エルメスに限らず、ルイ・ヴィトンでもどこでも、パリの一流ブランド店にはカッコ良いドアボーイがいて、ショッピングじたいが選良気分を満たしてくれる。店の敷居の高さが買うこちら側の身分のほどを一瞬錯覚させ、自分がマスの一人であることを忘れて、エリート・マダムになったかのような「良い気分」になれるのだ——パリのブランド店で味わった、そんなヴァニティ気分が銀座店には欠けていた。これはエルメスの問題ではなく、日本とパリの文化的遺伝子の相違だと思う。マスの国日本と選良性はそもそもミスマッチなのであり、下手に日本で選良性をひけらかせば、鼻持ちならない虚栄の市になるだけ。

誰もがブランドを手にする大衆社会日本では、希少性のオーラは薄れ、ブランドとカリスマは奇妙なミスマッチ・ゲームを続けざるをえない……。

成熟へ

それにしても、日本のエルメス人気は二十世紀型消費の終わりをまざまざと考えさせる。二十世紀型消費というのは、ほかでもない、アメリカのフォーディズムに始まった大量生産・大量消費のシステムである。

偽物の流通を許したシャネルが大量生産システムを肯定し、事実上プレタポルテを推賞していたのと対照的に、エルメスはあくまで職人的な少量生産に特化しようとした。

二十世紀初頭、来るべき大衆の時代の到来を察知したエルメスは、あえて少量生産に賭けることで「希少性」をまもりぬこうとしたのである。この意味で、エルメスの採った戦略はアンチ・アメリカ戦略である。*

現在のエルメス人気は、このアンチ大量生産がうけている結果だと思う。二十世紀の終焉とともに、わたしたちは大量生産と高速化に飽き果てて、「スロー」や「手作り」を愛しはじめているのである。エルメスの職人的少量生産は、この二十一世紀的な気分にマッチしているのだ。もはやファーストフードは「おいしくない」のである。わたしたちは、バブルがはじけた後でも、まずいものにはもう戻りたくはないのだ。

それを、大衆の成熟と呼べるかどうかは確かではないけれど、少なくとも成熟への一ステップと呼ぶことはできるのではないだろうか。

そう言えば、二十一世紀になってなお世界の覇権国たろうとするアメリカは、あのイラク戦争で、武力行使に反対するヨーロッパ勢力を「古い」と言って批判した。あたかも「新しい」ことが至上の価値であるかのように。けれども、二十一世紀のわたしたちは、高速スピードの「新しさ」にもはや何の魅力も感じないのである。

たかがブランドというなかれ。消費トレンドは理性より敏感に世紀の先行きをとらえてしまう

——そうではないだろうか？

＊アメリカ対シャネル、アメリカ対エルメスという文化史については、拙著『ブランドの世紀』で詳しく述べたので、参照いただければ幸いである。

（二〇〇三・六）

モード革命と「ブランド現象」

一九二六年、アメリカ版『ヴォーグ』に載った一枚のドレスがセンセーションを呼んだ。シャネルのデザインした黒のワンピースである。そっけないほどシンプルなその服を、同誌はこう評していた。「これは、シャネルという署名入りのフォードなのだ」。

いかにもシャネルの創造したファッションは大衆車フォードにたとえられるにふさわしかった。T型フォードのデザインがそうであるように、シャネル・モードもまたきわめてシンプルだった。高価な絹にかえて粗末なジャージーをモードの王座につかせたココ・シャネルは、貴族の華美な装飾趣味を流行遅れにしてしまった。彼女の登場とともに、「装い」は富や身分の表現でなく、ひとりひとりの女の着こなしの問題になったのである、シャネルはまさに二十世紀ファッションを創案したモードの革命児だった。

「私の客になった女性はみな活動的だった。活動的な女には楽な服が必要なのよ」。スカート丈が短く、ポケットのついたシャネルの服は実用的で、働く女たちにぴったりのスタイルだった。まさにそれは、女が「男の飾りもの」であった十九世紀の終わりを告げ、女の解放を告げわたるモードだったのである。

「模倣」こそ流行

シャネルは世界のどこよりもアメリカで人気を呼んだ。大戦後、世界一の繁栄を誇っていたアメリカは、シャネルの開放的なモダン・スタイルを歓迎したのである。定番となったスーツが売れたのがアメリカなら、香水が大ヒットしだのもアメリカである。「眠るときにはNo.5」。マリリン・モンローがこの名せりふをはいたのが一九五〇年。未曽有の繁栄を誇るアメリカは、まことにファッション産業のさきわう地、絶好のマス・マーケットだった。卓抜なビジネスセンスを持っていたシャネルは「フランス人にはマス（量）のセンスがない」と言い、市場としてのアメリカを高く評価していた。近代モードはマス（大衆）によってつくられることを、彼女は他のデザイナーに先駆けて理解していたのである。

モードはマスによってつくられる。大勢の人びとが競って同じデザインの服を身につけようとするからこそ流行というものが生まれるのだ。モードは模倣現象なのである。だからシャネルは自分のデザインが真似され、コピーされるのを平気で容認していた。ところが、ポール・ポワレはじめパリのオートクチュール協会に属する他のデザイナーたちは自分たちの作品のコピーを断固許そうとしなかった。かれらは、オリジナリティーこそ洋服の命であり、モードは芸術だと考えていたのである。これにたいしシャネルは、「服は不滅の傑作などではない」と断言してはばからなかった。不滅どころか、シーズンごとに変化してこそ流行なのであり、時の流れと共にはやりすたりを繰り返すのがモードである。いっせいに模倣されるからこそ流行になるのだ。「モードは街に降りて行きながら自然死をとげる」。シャネルはそう言ってコピーを推奨しさえしていた。

記号消費ゲーム

といってシャネルは「本物」の価値を否定したのでは決してない。むしろ逆だ。本物の価値は、偽物が多く出回るほどせりあがる。誰も模倣しようとしないものなど、もともと価値がないのである。偽物が多くなればなるほど本物の権威性と商品価値は高まるのだ。

要するにシャネルは「ブランド現象」の何たるかをよくわかっていたのである。ひろくマスに名を知られて大衆の憧《あこが》れをそそりたてること。品質の良さにくわえて、こうした有名性がなければブランドはブランドではない。だからシャネルは、パリのデザイナーたちと対立しつつ、アメリカで慣習化していたデザインの盗用を黙認し、その巨大なマーケットを相手に自己のブランドを築きあげたのである。

こうしてシャネル・スーツがアメリカ女性の憧れの的になってからほぼ三十年後、同じブランド願望が今度は日本に上陸して来る。田中康夫のカタログ小説『なんとなく、クリスタル』がベストセラーになったのが一九八〇年。バブル経済にわいた八〇年代の大衆は記号消費ゲームに熱中した。DCブランド・ブームが巻き起こり、黒に身をつつんだカラス族が街にあふれ、ブランド熱が巷《ちまた》を席巻した。世界のファッション産業の良き顧客は「いまや日本」になったのである。金満大国ニッポンはアメリカの後を襲ったのだ。

実際、住宅こそ「ウサギ小屋」でしかないものの、クルマや服といった商品は人びとの差異化願望を満足させる記号そのものだった。その記号消費の広がりのほどは、ブランド志向の主力が若い女性層（ギャル）であることに現れている。いかにアメリカがマス・マーケットだったとはいえ、シャネルのような高級ブランドを手にするのはごく一部のスターや富豪に限られていたのにたいし、一億総中流意識にそまる日本では、二、三十代の若い層がブランド品を買う。日本はまさに二十世紀に冠たる消費王国になったのである。

消えぬ贅沢気分

消費の王国はまたメディアの王国でもある。シャネルの時代からはるか遠く、ブランドが紹介されるのはもはや『ヴォーグ』のようなハイ・ファッション雑誌ではない。コンビニにある身近な雑誌にブランド情報があふれている。七〇年代に創刊された『アンアン』や『J・J』はこうしたカタログ情報誌の古典ともいうべきものだが、それらのメディアは、商品によってワンランク上の自分を演出するすべを教え続けてきた。あふれかえるそれらのマニュアルにのって差異化ゲームに熱狂した日本は、世界史上類のない「マス・ブランド」帝国だったといえるだろう。

九〇年代に入り、バブル経済は破綻した。以来、ファッション・シーンは多様化して、古着からキャラクターグッズまで、ありとあらゆるテイストが横並びで共存している。以前のようなゴージャス志向はさすがにもうはやらない。それでもなお、「シャネラー」という流行語が生まれたように、人びとのブランド信仰は今も強固に生き続けている。いちど覚えた贅沢《ぜいたく》気分は、気分を支える経済的実体が崩壊しても、記憶から消えはしないのである。記号消費という文化的遺伝子は確実にわたしたちの体内に宿ってしまったのだ。不況になってもモードが急に「清貧」になるわけではないのである。

歴史のアイロニーというべきだろうか。身分や富からの解放に始まった二十世紀ファッションが、贅沢の大衆化をかくも見事に実現し、あげくに多くの「魂なき享楽人」たちを生み出してしまったのは――。この世紀末、むやみに「魂」の癒《いや》しがはやり、さまざまな宗教がはやるのは、いわばブランド信仰のゆきつくところ、近代ファッションの過飽和のロジカルな帰結の一つなのである。

（一九九八・五・一一）

ブランドという虚業

はじまりはワース

なぜそれほどまでにブランドなのか？　ブランドとはいったい何か？——そんな本質論に踏みこむ前に、歴史をふりかえってみることからはじめよう。

プルーストの『失われた時を求めて』のなかに、ありありと《ブランド現象》を語っている一節がある。花咲く乙女アルベルチーヌと画家エルスチールの会話である。

「ところで、いいクチュリエというのが実に少ないですね、一人か二人ですよ。カロ——少しレースを使いすぎるけれど——ドゥーセ、シェリィ、それからパキャンもたまに。あとは全然だめ。」（中略）「困っちゃうのは、よそだったら三百フランでできるのが、そんなお店では二千フランもかかるの。でも、雲泥の差だわ。何も知らない人たちには同じに見えるかもしれないけれど。」「まったくその通りですよ」とエルスチールが答えた。

（井上究一郎訳）

画家が挙げている四人のクチュリエはれきとした実在のクチュリエ、ベルエポックのパリに名をはせたオートクチュールの面々である。「何も知らない人たち」から見れば同じように見えるデザインの衣服が、かれらの仕立てになると六倍以上の値にはねあがる。

こうして、デザイナーの名があるかないかで商品の価値に「雲泥の差」がついてしまう――明らかにこれはブランド現象にほかならない。小説が書かれたのは一九一〇年代。プルーストの時代にはすでにそれが確固として存在していたのである。

事の起こりは、プルーストよりさらに半世紀ほど昔にさかのぼる。オートクチュールの創始者ワースがパリにメゾンを構えたのが一八五〇年代のこと。ワースはウージェニー皇后お気に入りのクチュリエとなって一躍名声を高めた。「皇室御用達」によってメゾンのプレスティージを高めるという戦略は、以後、「ブランドへの道」の常道となり、香水商ゲランからトランク商ルイ・ヴィトンまで、現在に至るまで名を残す高級ブランドの多くがこの常道を踏んでいる。かれらは、皇室というクライアントの名の威信の力を借りて自分たちのメゾンの名のプレスティージを高めたのである。

こうした意味で「皇室御用達」メゾンの祖であったワースは、もうひとつ、ブランド現象に欠かせないシステムの創始者でもあった。「高価格政策」である。ワースのメゾンでつくらせた衣装は、一着何千フランという値がついた。現代の金額に換算して何百万円。実際の製作コストをはるかに上まわる価格である。要するにこのクチュリエは、上流社交界の客たちに、ワースというデザイナーの名の値段（ネーム・バリュー）を支払わせたのだ。「ワースの店だから高い」――こうしたブランド現象をはじめてつくりだしたのが彼なのである。客の側から言うならば、わざわざ高い店で仕立てさせることで、自分たちが選りすぐりの上流階級だという虚栄心を大いに満足させたのである。

こうしてはじまったオートクチュールだが、考えてみれば、ファッション産業とは言うけれど、むしろそれは《実業》というより《虚業》なのだと言うべきだろう。なにしろネームという実体のない記号に価格がつくのだから。

そう、ブランドとは、はじまりの時からまさに《虚業》そのものなのである。

ルイ・ヴィトンのロゴ効果

「何も知らない人たち」が見たら同じようなデザインの衣装でも、しかるべきデザイナーの署名があれば、とほうもなく高価な商品になる――まさにこうした虚業がブランド現象にほかならないが、それにしても、その虚の価値は、カットや縫製の「微妙な差異」にかかっていることも確かである。似たようなデザインのものなら「ほかの店でずっと安く」できるものを、ワースやパキャンやカロのメゾンで仕立てさせたものは、やはり出来栄えが「雲泥の差」、歴然とした差異がつく。といっても、オートクチュールの場合は商品が衣装だから、似たような模造品が出回る可能性はきわめて低かった。プレタポルテ以前、一品一点主義のオートクチュールには素材もデザインも似ているようなものはまずなかったといっていい。

これにたいし、模造品に悩まされ続けたブランドといえば、何といってもトランクのルイ・ヴィトンである。

ワースと同じ時代、ワースと同じく皇后の御用商人からはじまったルイ・ヴィトンは、ティーセットからベッドまで、さまざまな荷物用のトランク造りを手がけたが、ルイの使うトランク生地（トワル）はただちに業者に模倣された。無地や縞といったシンプルな模様だったからである。この模倣を防止するために考案されたのが、例のLとVのイニシアルを組みあわせたロゴ模様の生地なのだ。ブランドといえば誰しも思いうかべるあの有名なルイ・ヴィトン模様は、そもそも模倣を防止する目的で考えだされたものなのである。

それでもなお模倣は後をたたなかったものの、そのロゴ模様は、模造品の問題とは別に、以後のブランド現象についてまわるひとつの効果をうみだすことになった。客が持ちあるく商品がそのままメゾンの宣伝になるという、あのご存じ《ロゴ効果》である。実際、ヴィトンのトランクは、オートクチュールのどんな衣装よりも明白に、誰が見てもヴィトンだとすぐにわかる。そのロゴは客の差異化願望をたやすく満たしてくれるのである。こうしてヴィトンの考案の副産物ともいうべきロゴ・デザインは思わぬブランド効果をおさめ、以後ブランドとロゴは切っても切り離しえない関係になってゆく。

実際、ヴィトン社の歴史はロゴのコピーとの闘いであり、模造品との闘いだったといっても過言ではない。ネームがバリューとなり、ロゴがバリューとなるとき、それらはオリジナルな作品なのだから、決して模倣を許してはならない――それがヴィトンの信念だったのである。そして、この信念の点にかけては、ワースをはじめ、先のプルーストの引用にあったパキャンやカロなど、ベルエポックのクチュリエたちもまた同様だった。

ということはつまり、オートクチュールのクチュリエたちは、モードを芸術作品だと考えていたのである。それらの作品は、オリジナルであることに価値があるのだから、コピーが出回っては価値が下がる。《本物》こそすべて――この点でオートクチュールもヴィトンも同じ考えだったのである。

《偽物》あってこそ《本物》

ところが、ひとりだけ、かれらとは正反対の考えのクチュリエがいた。ココ・シャネルである。オートクチュールのメンバーがすべてコピーに反対しているなかで、シャネルだけはひとりコピーを容認していた。いや、容認どころか、むしろ積極的に認めていたとさえいえる。

なぜならシャネルは、モードとは模倣現象であり、集団現象であることをよく理解していたからだ。「モードは芸術ではない。それは技術だ」。こう断言していた彼女は、同時に、モードが芸術ではなくビジネスであることもよく理解していた。不滅の芸術は一点一点オリジナルでなければならないが、来シーズンには早くも古くなって滅びてゆく流行は、模倣されてこそ流行である。誰も真似したがらないようなデザインがどうしてモードになったりするだろう？

「女たちは誰もが同じであってこそ個性を発揮する」。そう主張していたシャネルは、デザインがコピーされて大衆のレベルまで普及してゆくことをむしろねらっていたのである。この意味で、シャネルはオートクチュールの世界にとどまりながら、すでにプレタポルテのコンセプトをもっていたといっていい。

実際、それ以前のオートクチュールの装飾過剰のデザインを否定してシンプリシティをモットーにしたシャネルのデザインは、型といい色といい実に模倣しやすくできている。だからこそ、実際にそれは大いに模倣され、アメリカをはじめ世界のファッション市場にシャネルならぬ「シャネル風」の服が大量に出回ったのだった。模造品がたくさん出れば出るほどオリジナルのブランド価値は高まる――それがシャネルのブランド観だった。模造と闘って作品のオリジナリティをまもろうとしたヴィトンやオートクチュールのクチュリエにたいし、彼女のコンセプトは正反対だったのである。

シャネルに言わせれば、本物は偽物が出回ってこそ価値を高めるのだ。ひとつも偽物の出ない本物など、およそ本物の名に価しない。

ダイヤモンドよりシャネル

偽物が出回ってこそブランド――シャネルのこうしたブランド・コンセプトは、彼女が手がけた宝石デザインに顕著にあらわれている。

シャネルは、本物しかなかったアクセサリーの世界にイミテーションをもちこんだので名高い。「重要なのは幻惑であってカラットじゃない」。こう言ったシャネルは、装身具を富の記号性から解き放って美的センスの問題にした初のデザイナーである。そのコンセプトを実現するため、彼女が本物と偽物の両方をまぜて身につけたのはあまりに有名だが、彼女のデザインしたそのイミテーション・ジュエリーは決して安くなかった。

そう、偽物を本物に劣らぬ高価格で売ること――それがシャネルの戦略だったのである。もちろんそれは、本物の宝石の価値を貶めて愚弄し、本物と偽物の価値序列の転覆を図るトリッキーな戦略であったにちがいない。けれども、もうひとつ、シャネルがねらっていたのは――あるいは、ねらっていなかったとしても結果として実現したのは――シャネルという《名の宝石》のとほうもない価値上昇だったのではないだろうか。それというのも、シャネルのデザインした偽物のダイヤは、本物のダイヤより高いからだ。理由はただひとつ、それをデザインしたのが《シャネル》だから、である。

要するにシャネルは、シャネルの名をダイヤモンドより高価なものにしたのだ。「このダイヤは《偽物》だけれど、《本物》のシャネル」——論理的に考えれば混乱せざるをえないこんな事実を平気で実現してしまったシャネルは、ファッション産業が《虚業》であることを誰よりもよく知っていたにちがいない。

そう、デザイナーの名は決して安く売ってはならないのである。ブランド品を買う客たちは、夢の記号を所有して、差異化願望を満たしたいのだから。

安い夢なんて、夢に値しない——というわけで、ファッションという《虚》の市場で、今日もまた高価なブランドが、そのロゴとともに売れ続けてゆく……。

（一九九七・九）

生活の場からの「問いかけ」——三宅一生展の驚きと力

東京都現代美術館の広い空間のなか、さまざまな服が跳ね踊る。黒い縮みの布がさっと広がって空飛ぶコウモリになり、プリーツの服たちがゆらゆら揺れて不思議なダンスを繰り広げる——「ジャンピング」と題されたインスタレーションのそんな光景に見とれながら、見ている自分も同じ縮み加工の服を着ていることをはっと思い出し、驚きを新たにする。ああ、これって服なんだ、と。

そう、驚き。三宅一生の世界を満たしているのはまさに「驚き」ではないだろうか。

実際、イッセイほどいわゆるファッション界から遠いデザイナーもないだろう。その世界のワンダーは、シーズン毎の新しさを追うモードの新奇性とは無関係なところ、もっと深く、ラディカルな地平から来ている。

よく知られた「一枚の布」というイッセイのコンセプトは、西欧式の立体裁断という発想を根底から覆した。平面である布と立体である身体のあやうい共犯、それがイッセイの服なのだ。身体が布をまとってできあがるかりそめの「かたち」。

それは、裏と表、前と後、縦と横、どんな決まりからも逸脱しながら自由に遊ぶ。前代未聞のその服は、「洋服」に慣れてきた私たちの感性をゆさぶり、驚かす。このワンダーが三宅一生をアートの世界にリンクさせるのだろう。今回の展覧会の森村泰昌や荒木経惟をはじめ、建築から写真まで、イッセイの創造性は世界中のアーティストを魅了してやまない。

けれども、三宅一生の素晴らしさは「やはりファッション」であることなのだ。それは、わかるものだけにわかる高級芸術では決してない。展覧会が「MAKING THINGS」（ものづくり）と題されているのは、あくまで生活の場で着られる服を追求するこのデザイナーの姿勢をあざやかに語っている。

そう、イッセイの作品は、現代を生きる私たち大衆が、それを着て生活する服なのだ。芸術ではなく、ファッションだからこそそなわる「具体」の説得力。一九九〇年代のプリーツプリーズの成功は、着やすさ、軽便さ、手頃な価格もふくめた実用性のおかげである。実際、それはポリエステルという現代的な素材を使った工業製品であり、量産品なのだ。

しかもその量産品は、それでいて着る者の個性を際立たせる。一枚の布であるそれは、着られてはじめて完成するからだ。「私は、人々の驚きや感情をかき立てたい。また、私の服を着てくれる人には、自由に、自分の好きなやり方で、服を自分に合わせてつくり替えてもらいたい」。みずから語るとおり、イッセイの服は、着る側の着方によってさまざまに表情を変える。

つまり、イッセイの服は着る者に「呼びかける」のである。工業製品に囲まれながら、キャリアをもって忙しく暮らす私たちに、それは呼びかけ、問いかけてくる。現代の快適さ、現代の美しさは何なのだろう、と。

しかも、そうして現代を問いかける彼の服は、同時に太古の昔の土地や空のはるかな記憶を呼びさます。ポリエステルと機械を駆使するこのハイテク・デザイナーは、伝統工芸のこよない探求者でもあるからだ。よじる、ねじる、たたむ、染める――イッセイの「ものづくり」には、伝統的な技芸の記憶がそっくりたたみこまれている。だからこそその服は、宇宙の未来を問いかけてくるのである。

一枚の服が、なまじな学問や書物よりはるかにリアルに哲学的な問いをなげかける……。「服には何だってできる」と彼は言う。まさにそのとおり、真の創発性は生活のただなかから生まれてくる。人びとを驚かしてやまない三宅一生は、「ファッションという領域」の確かな力を改めて見せているのではないだろうか。

（二〇〇〇・七・一一）

ファッション・ブランド

アズディン・アライア AZZEDINE ALAIA（1980- TUNISIA）

チュニジア出身のクチュリエ、アズディン・アライアは、手がける作品からそのプレゼンテーションにいたるまで、すべての点できわめて独自なデザイナーである。いわゆるブランドという語の響きからこれほど遠いクチュリエもいないだろう。

いつも中国製の黒服に身をつつんだこの小柄なチュニジア人は、九〇年代に入ってからコレクションに参加するのをやめ、マレー地区にある自宅を兼ねたアトリエで、「見せる人にだけ見せる」やり方で制作を続けてきた。大量生産からもっとも遠いその服作りは、この意味で職人芸の極みと言うべきかもしれない。

彼のその職人的な芸《アート》はしかし、圧倒的なインパクトで八〇年代ファッションを席巻した。彼アライアこそ、あのボディコンシャス・モードの創始者なのである。

アライアのボディコンシャスは、それまでの西欧的クチュールの伝統を支えてきた構築的な造形性とはまったくコンセプトを異にしている。従来のオートクチュールの手法が、理想のボディラインに服を合わせ、いわばその服にからだを「おしこむ」ことで出来あがるそれであるとすれば、アライアはその逆をゆく。というのもアライアにとっては、はじめにまず女性のボディが存在するのである。そして、服はそのセクシーなボディラインの美しさを際立たせるものにほかならない。服をまとうことで、裸体を裸体以上に強調すること——それがアライアのボディコンシャスなのである。

そのために彼が何より大切にするもの、それが「素材」である。ボディラインを際立たせるため、アライアは新しいストレッチ素材を使った。からだにぴったり吸いつくようにフィットするボディスーツやチューブドレスは、今や八〇年代ボデイコンシャスのアイコンにすらなっている。こうしたアライアのデザインを最も美しく着こなすお気に入りのモデルがナオミ・キャンベルである事実一つをとってみても、「はじめにボディが在る」アライア・ファッションの特質がよく表れている。アライアは、「身体こそ第一の衣服である」という真実にかたちをあたえたデザイナーなのである。

彼のデザインはしたがって色も型もシンプルで、余計な装飾性がない。だからこそボディを際立たせる素材がいのちなのである。その素材で言えば、ストレッチとならんで透明感あふれるレーシーなニットもアライア好みの素材だ。透けて見えることで裸体よりいっそう裸体を感じさせるレーシーなモードは、ファッションの根本にある、身体と布、「見せる」ことと「隠す」ことの緊張関係を、文字どおり「肌でわかる」ように可視化してみせる。アライアのボディコンシャスは、そのままスキンコンシャスでもあるのである。

このように彼が伝統的クチュールとは異質な発想のファッションを自由に創造できるのは、古典的なクチュールの技法を十全に習得しているからこそである。一九五〇年代の終わり頃、二十代の若さでパリに出てきたアライアは、ギ・ラロッシュのアトリエで半年ほど働き、そこでオートクチュールの手法を学んだ。オートクチュールの技法と美学にたいするその造詣の深さは、彼がマドレーヌ・ヴィオネの研究家であり同時にコレクターでもあるという事実が語っている。さらにそのコレクションにはシャネルやディオールもそろっているというのだから、このチュニジア人がいかに西欧クラシックのエレガンスに通暁しているか、うかがわれようというものだろう。

一九八〇年に独立したアライアは、九〇年代のある時期からマイペースの姿勢を貫き、ファッション業界とは一線を画しているが、ここ数年ふたたび世界の注目を集めて、さながらアライア・ルネサンスの観がある。一九九八年、オランダのフローニンゲン美術館で開かれた「Marseilles in DATE」展ではピカソやアンゼルム・キーファーなどの作品とともに彼の作品が並べられ、二〇〇〇年秋にはニューヨークのグッゲンハイム美術館（別館）でアライア回顧展が開催された。こうした世界的再評価をバックにしながら、ファッション界でもまた、八〇年代モードのリバイバルとともに、鳩目やパンチングをあしらったデザインやボディスーツ、レーシー・ニットなど、明らかにアライアに着想を得たデザインがさまざまなコレクションに登場している。

こうしたアライア再評価の動きの極めつきともいうべきなのがプラダ・グループとの契約だろう。プラダのオーナー、ベルテッリは、「アライア財団」の設立をはじめ、アライアの全仕事を支援する方針をうちだした。プラダ傘下でこの「永遠の職人」がどのような創造を展開してゆくか、熱い注目を集めている。

エルメス HERMES（1837- FRANCE）

高級馬具工房としてのエルメスの創業は十九世紀、一八三七年のこと。フランスが未曽有の平和と繁栄を享受した第二帝政期（一八五〇～七〇）はオートクチュールをはじめ奢侈品産業が栄えたエポックメイキングな時代だった。エルメスもまたこの時代の波にのって繁栄をとげたブランドである。自動車が登場する以前の十九世紀、馬車はいちばん明白な「ブランド」であり、壮麗な四輪馬車の「ベルリン」やスマートな無蓋四輪馬車の「カレーシュ」など、おしゃれな馬車はパリのハイライフに不可欠の道具だった。エルメスのもつ独特の高級感は、創業当初のこの貴族的ハイライフのなかから育まれたものである。ちなみに、後にエルメス・ブランドの商標に使われる馬車は、当時の貴婦人たちに人気を博したエレガントな馬車「ル・デュック」をデザインしたものだ。

こうして上流人士を顧客にしたエルメスは、世紀末の一八八〇年、本格的に高級鞍造りとしてオープンし、それを機にフォーブール・サントノレ二十四番地に店舗を構える。現在にいたるまでオートクチュールはじめ香水店から宝飾品店まで高級ブランドが立ちならぶフォーブール・サントノレ通りだが、ひときわ目立つ角地にそびえる華麗なエルメス本店は、世界に名だたるパリ・モードのシンボル的存在ともなっている。

この「馬具工房」エルメスが「バッグ工房」に転身をとげた背景には、経済的文化的コンテキストとして、おおげさに言えば十九世紀資本主義から二十世紀資本主義への転換が存在している。というのも、二十世紀は「自動車の世紀」であり、「アメリカの世紀」であるからだ。エルメスの三代目エミール・モーリス・エルメスは、第一次大戦のさなかにアメリカにわたり、自動車産業の誕生に直面した。つまり彼は馬車の時代の終焉をまのあたりにしたのである。しかもエミールがかの地で見たのはそれだけではなかった。フォード・システムが立ちおこった二十世紀初頭は「大量生産・大量消費」の華々しい幕開けであった。エミールは、ヨーロッパの貴族的文化とまったく異質な大衆文化の到来に直面したのである。

高級「バッグ商」エルメスの誕生は、このクリティカル・ポイントに立ったエミール・エルメスの決断から生まれたと言っても過言ではない。そのときエミールはその後のエルメスを決定づける二つのことを選択した。一つは、主力商品を「鞍」から「ハンドバッグ」などの革製品に転換すること、第二は、商品が変わっても製造過程はこれまでの鞍造りと同じく伝統的ハンドクラフトを採り続けることである。

時代の先を読むエミールの慧眼は見事に当たっていた。彼の決断どおり、ハンドバッグ商エルメスは見事な成功をおさめる。クージュ・セリエと呼ばれる鞍縫いの職人的製法をあえてそのまま活かした革製のバッグは、二十世紀のクライアントたちのハートをつかんだ。後のケリー・バッグの原型となるオータクロアは鞍入れとしてすでに世紀末から製造されていたが、それを「ハンドバッグ」にかえ、縫い目を表にだすクージュ・セリエをあえて「デザイン」にしたエルメスの製品は、絹製のバッグしか知らなかった女性たちを斬新なモダニティの魅力でひきつけた。やがて家の外で女性が活躍する時代をむかえる二十世紀、エミールの選択は時代をリードしていたのである。こうして男性がクライアントだった馬具商エルメスは、女性のあこがれのブランドへと鮮やかな転身をとげたのである。

エミール・エルメスはもうひとつ、二十世紀ブランドにふさわしい選択をしていた。どれほど注文がこようと決して大量生産をせず、あくまで職人芸の匠に徹するハンドクラフト主義である。エルメスのこの少量生産主義は、自動車王フォードの起こした大量生産システムとの「対決」から誕生したのだといっても過言ではない。しかもエルメスのとった選択は、ひとりエルメスをこえて、いわばブランドの本質にかかわる問題だといってもいいだろう。なぜなら、ブランドの条件の一つは「希少性」にあるからである。大量生産品の普及は、逆説的に少量生産の価値を高める。誰もが安価な商品を入手できる大衆消費社会の到来は、入手困難な高価格商品へのあこがれを呼び覚ますのだ。ブランド独特のオーラはこの「希少性」に由来しているのである。二十世紀の大量生産に直面したエルメスは、あえて十九世紀的生産システムを護ることで、ブランドへの王道を歩んだのである。

実際、人びとのエリート意識にアピールするエルメスのバッグは、世界の上流人士に愛された。モナコ王妃グレース・ケリーが愛好したことからケリー・バッグの名で知られるようになる「ケリー」、さらに歌手・女優のジェーン・バーキンが特注したので「バーキン」と呼ばれるバッグなど、あまりに有名な代表例だろう。

さらにエルメスはバッグやベルトなどの革製品だけでなく、新しい商品開発にも熱心だった。一九三七年、初のスカーフが発売される。名高いエルメスのスカーフ「カレ」の誕生である。題して「オムニバスゲームと白い貴婦人」。このようにそれぞれの商品にモチーフをつけて物語性を付加するのもエルメスのブランド戦略だ。毎年ちがったモチーフをうちだすことで、スカーフもまた年ごとに差別化されるからである。ブランドはこのような希少性と差異性からなっていることをエルメスは知悉しているのだ。一時期、他のブランドがライセンス方式による量産に傾いた後も決して同じ轍を踏もうとしないのも、こうしたエルメスの姿勢をよく語っている。エルメスの商品は、大衆の「手に届かない」ものだからこそ魅力を放つのだ。

こうして幾重にも贅沢な高級感にあふれたエルメスは、店舗にも物語性を付加している。売り子のアニー・ボウメルのアイディアに端を発したウィンドウ・ディスプレイに始まり、レイラ・マンシャリの華麗なディスプレイが話題を集めたのは一九七七年のこと。以来、現在に至るまで、フォーブール・サントノレ二十四番地のウィンドウ・ディスプレイは、パリ名物となり、店じたいが格好のパリ「観光名所」にすらなっている。

こうして語のあらゆる意味で伝統を重んじるエルメスは、といってモードの「現在性」の魅力にも決して鈍感ではない。大戦直後の一九四七年にすでに製造を始めていた香水は、六〇年代に馬車の名をネーミングにした「カレーシュ」の発売とともに香水部門を独立させ、口紅などの商品（ルージュ・エルメス）も開発している。けれども、そうしたコスメ関連商品にもまして「伝統のエルメス」の新たな決断として話題を呼んだのは、一九九八年、レディスプレタポルテ部門のデザイナーに前衛的デザイナー、マルタン・マルジェラを起用したことだろう。服を裂いたり、古着を使ったり、伝統的オートクチュールに大胆な冒険をもちこんで「破壊者」の異名をとるこのベルギー出身デザイナーの登用は、二十一世紀にも輝き続けようとするエルメスの新たな挑戦として注目を集めている。

時代の先端をゆく前衛性と、貴族的ハンドクラフトを死守する保守性――二つのセンスをかねそなえたエルメスは、商品がたんなる商品以上のオーラをまとうブランド現象を知りぬいたブランドなのだろう。

コムデギャルソン COMME des GARCONS（1973- JAPAN）

コムデギャルソンほどいわゆるブランドという言葉から遠いブランドもないだろう。川久保玲はブランドという語の響きがもつチャラチャラした感じを峻拒するからだ。

実際、コムデギャルソンの服は「拒絶」する。既成の女らしさ、服らしさは言うにおよばず、前シーズンの自作品のコンセプトでさえ決して踏襲しようとしない。「服づくりはゼロから始まる」という川久保玲の言葉はそのまま真実なのである。

よく言われる表現ではあるけれど、こうして持続する拒絶のインパクトを言い表すには、やはり「破壊」という言葉以上にふさわしいそれはないだろう。一九二〇年代に登場したシャネルがそれ以前の伝統的クチュールと、それを身にまとう女のイメージそのものをラディカルに覆したのと同様に、コムデギャルソンも言う、「破壊しに」と――。

一九八一年、コムデギャルソンが初めてパリ・コレに登場したときに巻き起こしたセンセーションはいまや神話にさえなっている。わざと穴をあけられ、ボロのようなほつれを見せたセーターは、伝統的エレガンスを見慣れてきた人びとの美意識を逆なでした。西欧的クチュールにとって、それは既成の文法ではまったく理解不可能な新しい言語の登場にも似ていた。

それは、饒舌な色を拒絶して、寡黙な「黒」だけを語っていた。ボディにフィットせず、ウェストもバストも、丈も上下、左右も、みなどこか「ずれて」いる服。フィニッシュの名人芸を見せるどころか、完成・未完成の境界さえ定かでない。それらのビザールな服を着たモデルたちは、セクシュアリティの喪に服したかのように、「女」という既成の場所の外に出て、「所をえない」未聞の場所にいた。

こうして圧倒的な力をもって登場したこの「破壊の天使」は、以来他のデザイナーに強大なインパクトをあたえ、日本のデザイナーはもちろんのこと、ジョン・ガリアーノに代表されるようなロンドンのデザイナーたちにも絶大な影響力を及ぼして、かれらのセンスを育んだ。八〇年代ボディコンシャス・モードのつくり手アライアのような孤高のデザイナーさえコムデギャルソンのショーには必ず姿を見せたので有名だ。コムデギャルソンは二十世紀モードを語るのに不可欠のブランド、いや、アンチ・ブランドなのである。

川久保玲が正式に会社を発足させたのは一九七三年。慶応大学で美術を学び、旭化成の広告部で働いた後ファッション界への第一歩を踏み出した彼女は、数年後には南青山に初のショップをオープンする。コムデギャルソンの斬新な「黒のモード」は都会のおしゃれ世代に熱狂的な支持を得た。八〇年代中に国内のショップの数は二百を越え、海外にも数十のショップがオープンする。

それらのショップは、立地からインテリア、商品のディスプレイ、売り方にいたるまで、すべて川久保玲の「ファッション」の仕事である。多くの海外ブランドがそうであるように経営とデザイナーが別だったり、ショップと服のデザインが無関係だったりするありかたとは極めて異質と言わねばならない。つまり、コムデギャルソンとは一つの「世界」なのである。川久保玲が椅子やテーブルといった家具をデザインし、アートと写真とモードをシャッフルした雑誌『SIX』の編集を手がけたのも決して不思議ではない。自分がふれる世界のすべてをコムデギャルソンのセンスで染め、一つとして既成のものですませたりしないこと。これもまた川久保玲ならではの「絶対性」の表現なのだ。

その絶対性は、着る側から言えば、気楽に着れる服ではない。コムデギャルソンのように強い服は、着るのにも強さと潔さが要求される。それほどまでに、彼女の服は強い。それも、たんなる強さでなく、ささいな「ずれ」ひとつで別の何かに変わってしまう境界線であやうく成立している「繊細」な強さだから、なおさら着こなすのは難しい。そう、言ってみればコムデギャルソンの服は「偏屈」なのである。だらしなく既成の女らしさに媚びているようなマインドにはピシャリとドアを閉ざしてしまう偏屈さ。

といって、そこには甘さや可愛らしさもないわけではない。ことに黒以外の色を使いはじめた九〇年代以降の作品は、フリルやギャザーやソックスなど、少女性を感じさせるデザインが少なくなく、川久保玲が日本女性デザイナーであることを印象づけさえする。いや、それは九〇年代に入ってから見えやすく浮上してきたものであって、本来コムデギャルソンの破壊力に秘められていた要素だと解すべきなのだろう。

というのも、彼女の破壊性は批評性と背中あわせだからである。そういえば、「批評とは違和感である」と述べたのは文芸批評家の小林秀雄だった。コムデギャルソンには、まさに小林秀雄が言うような意味での批評性がある。サイズのずれ、色のずれ、完成と未完成のずれ、身体と衣服のあいだのずれ——それらの「ずれ」は、要するに既成のクチュールにたいする批評にほかならない。あえてドレスにこぶのような突起をつけてビザールなシルエットを現出させ、前代未聞の試みでセンセーションを呼んだ一九九七年春夏のパリ・コレの「ボディミーツドレス」など、こうした破壊的批評の典型だろう。それがコンサバなモード感覚にたいする批評であるからこそ、知らぬ間に伝統的な美意識にそまっているわたしたちの惰性を逆なでし、強烈な「違和感」をひきおこすのである。

といってコムデギャルソンの批評性には、すべての批評と同じく、ユーモアとパロディ精神もあふれている。二〇〇一—〇二年秋冬のパリ・コレなど、そうした批評精神の面目躍如ではなかっただろうか。ジャケットの上にコルセットをしめたり、ランジェリーのレースがジャケットの中を横切っていたり、いわゆるセクシーなスリップドレスをさまざまにずらしながら「コムデギャルソンして」いるショーのトップに、没後十年のゲンズブールの甘い愛のシャンソンが響きわたる……。コムデギャルソンがいかに西欧的エロティシズムをクールに批評しているか、語ってあまりあるではないか。

こうして批評と破壊をもってたえず前進してゆくコムデギャルソンには、たしかに一種の求道者精神が感じられる。たとえば九七年のマース・カニングハム舞踊団の舞台衣装担当など、各種アートとのコラボレーションともあいまって、こうした川久保玲をアーティストと評するむきもあるが、コムデギャルソンの力はむしろその逆であろう。どれほどアートとのコラボレーションを進めても、あくまで「ファッション産業」の内部に踏みとどまること。この姿勢こそコムデギャルソンのパワーの秘密だからである。「着せるってことが大事なのよね」と川久保は言う。そう、服は着るものであって鑑賞するためのオブジェなどではないのである。

アートではなく、あくまでもファッション。しかもそれでいてブランドという語にまとわりつく俗っぽい猥雑感を潔く拒絶する――この繊細にして強靱なアンビヴァレンスこそコムデギャルソンのこよなき魅力なのにちがいない。

（二〇〇一・一一）

Ⅱ 黒／靴

ダンディのスモーキング姿。（Gazette du Bon Ton, 1920年6月号より）

黒の脱構築――ダンディズムからシャネルまで

詩や小説をはじめ、新聞や雑誌などのメディアにいたるまで、近代を賑わせたさまざまなエクリチュールのあいだ、いわば文学の余白に、気がかりな残像をのこす一つの形象がある。

ダンディズムと呼ばれるその形象は、さまざまな領域にかかわっている。文学に表現されたそれは、同時に風俗現象でもあり、ファッションという表層の出来事でもあれば、モラルにかかわる現象でもある。くわえてそれは、男性的なストイシズムでもあれば、女性的な「見せびらかし」行為でもある……。

ダンディズムを特徴づける、この曖昧な多義性。だからこそそれはわたしたちの関心をひきつける。ダンディズムを語りながら、それをとおしてモダンのさまざまな「表象」の領域をたどり、それらがたがいに境界を接したり離反したりするさまをみてゆくこと。ひとまずそこから本稿を始めてみよう。やがてその領域が反転し、奇妙な解体をきたしながら、別の領野をひらいてゆく光景に立ち会うために――。

ヴィクトリアン・ブラック

ダンディズムは二つの時代の「あいだ」に立ち現れる。貴族の支配とブルジョワジーのそれと、その二つのあいだに。そう語ったのはいうまでもなくボードレールだ。「ダンディズムは特に、デモクラシーがいまだ全能ではなく、貴族制度がまだ部分的にしか動揺し堕落してないような、過渡の諸時代に現れる(1)」。

ゆらぎゆく貴族制の落日。何より鮮やかにそれを語っているのは当時の男たちの「黒服」である。かつてヴェルサイユの宮廷に集う貴族たちは、豪奢な絹に凝った刺繍をほどこし、華麗な装いで身を飾っていた。その美々しい衣装こそかれら貴族階級の卓越性の証であった。

ところが、十九世紀の半ばになると、男性の装いに黒が優勢を占めてゆく。近代ブルジョワジーは、服装から装飾性を締めだしてしまったのである。奢侈にたいする節約と勤勉。それが、金銭の力によって支配を勝ち得ようとしたブルジョワジーのモラルであった。いわばかれらは「装飾」の喪に服したのである。ボードレールのあの名高い言葉をひくまでもないだろう。「黒い燕尾服やフロックコート」、「それらは、われらの悩める時代、痩せた黒い肩の上にまでいつも変わらぬ喪の象徴を担っている現代に不可欠の衣服ではないのか[2]」。

みずからに美々しい「色彩の祝祭」を禁じ、装飾に否を言う黒。ブルジョワジーのこの「禁欲の黒」は、わたしたちに近代の性を語ったフーコーの言葉を想起させる。フーコーの『性の歴史』第一巻『知への意志』は次のように始まっていた。

十七世紀の初頭には、まだある種の率直さが通用していた（…）。つまり誰の身体も、いわば孔雀が羽根を拡げるように大手を振って歩いていた。

この白日の光に続いて、たちまちに黄昏が訪れ、ついにはヴィクトリア朝ブルジョワジーの単調極まりない夜に到り着く。性現象はその時、用心深く閉じ込められる。（…）性《セックス》のまわりで人は口を閉ざす[3]。

ここでフーコーが語っている身体感覚の変貌は、そのままモードのそれに重なっているといってもいい。「孔雀が羽根を拡げるように」華麗な衣装を誇示する貴族の美学の黄昏の後に訪れたのは「単調極まりない夜」であり、服喪の黒の美学なのである。

注目すべきこと、それはここにひいたフーコーの一文の章タイトルが「われらヴィクトリア朝の人間」と題されていることだ。性に関してもモードに関してもいずれ劣らず身体の快楽を抑圧する禁圧のモラルは、ほかでもないヴィクトリア朝イギリスからやって来る。黒の美学をうたったボードレールは「スプリーン」の詩人であり、ダンディズムはスプリーンとともにイギリスから大陸にわたってきた風俗現象であった。近代の黒はそもそもからしてヴィクトリアン・ブラックなのである。

ヴィクトリアン・ブラック。何よりそれは禁欲の黒、華美と快楽をおのれに禁じる喪の色である。文学を素材に近代の男たちの黒を詳細に論じたジョン・ハーヴェイの秀逸な黒衣論は冒頭からこう始まっている。「だれの葬式だ?」。ボードレールといいディケンズといい、近代文学のヒーローたちがこぞって黒服を着用する時代を前にしてハーヴェイは問う、いったい「十九世紀は何を苦しんでいたのか? 何を哀悼していたのか?」[4]と。

けれどもハーヴェイの論の面白さは、その問いに答えてヴィクトリアン・マインドの禁欲の真相を明かすというよりむしろ、その喪の衣装が実は「権力の衣装」であると論じるくだりにある。ヴィクトリアン・ブラックとは、幾重にも屈折し内向した、ブルジョワジーの権力欲の表現なのだ。

それが明らかなのは、このヴィクトリアン・ブラックをフランスの黒、さらにアメリカの黒と比較してみるときである。少しくハーヴェイの議論を追ってみよう。

ボードレールは政治的な解釈をした。「良く観察すれば、黒いフロックコートと燕尾服は、普遍的な平等意識としての政治的な美だけでなく、大衆の精神の表現としての私的な美すら誇示している」。ボードレールにとって黒いフロックコートは、民主精神の制服であり、民主的中産階級の制服だった。[5]

みられるとおり、男たちの没個性な黒服は身分による服装差を廃絶し、だれをも同じ色に染めてしまうデモクラシーの制服である。ボードレールにとって、黒は匿名の色であり、闇にまぎれて群衆のなかの孤独を味わうモダン都市の色であった。ハーヴェイは、こうしたデモクラシーの黒はフランスとアメリカに明らかだという。「ボードレールが見た黒は、死と同じく、地ならし機《レヴェラー》だった。黒い衣装と民主主義に連合関係を見るのがとくに説得力をもつのは、フランスだけでなく十九世紀のアメリカを考慮した場合である。当時のアメリカでは黒い服がいたるところで見受けられた」[6]。

ということを換言すれば、アメリカでもフランスでもない大英帝国の黒は「デモクラシーの制服」ではないということにほかならない。ダンディズムの生誕の地、ヴィクトリア朝イギリスの黒衣は、民主精神とは逆のマインド、すなわち「卓越化」の精神の産物なのである。十九世紀初頭、ベストセラーとなって黒を流行させたブルワー＝リットン卿の小説『ペラム、またはある紳士の冒険』について、ずばりハーヴェイは言う。「ペラムの黒には民主主義のかけらもない。あるのは強い卓越願望、つまりフランス語でいうディスタンゲであり、それと連合関係にあったのは、ロマンティック・ヒーローたる有閑階級特有のメランコリーだった。（…）みながみな争うように上品にハムレット化していく。これが当時の流行の最先端だったのだ[7]」。

ハーヴェイの言うとおり、イギリスにおける黒は「群衆の匿名性」からはるか遠く、フォーマルな色となって「上品な」格式を獲得し、「紳士性」の表徴となってゆくのである。「ダンディ・スタイルは社会的な身分を消滅させるその一方で、身分の差を調停するどころか、身分にひとしい特質、つまり紳士たる特質を肯定する道具になっていく[8]」。

つまり、ヴィクトリアン・ブラックとは、鬱屈しつつ自己を顕示する黒、いわば欺瞞的な黒というべきだろう。それは、平等を装いながら実は卓越化を狙い、優越感にひたりつつ、そのエリート意識をメランコリックな厳粛さの仮面で覆い隠す。ダンディズムの黒は、貴族階級の「孔雀の羽根のように」あからさまな特権性の表徴を覆し、シンプルさの仮面のもと、いっそう複雑な差異化の表徴をつくりだしたのである。ふたたびハーヴェイから。

外観の文化は意識の記録である。衣服が明らかにするのは意識の性格である。何が黒かったかといえば、ヴィクトリア朝の道徳感が黒かったのではなく、ヴィクトリア朝の自信に満ちた繁栄を倫理的にとらえようとする意識が黒かったのだ。自意識は屈折し強調されるものである[9]。

こうして屈折した意識の表れである黒服は、したがって、「威厳を示すときに窮乏を装い」、「豊かさを表示するときに」喪に服するかのように装う。モダンの黒は二つの顔をもちながら、逆説的に自己の力を暗示するのである。『黒服』は言う。「黒は、重厚さを表し、それでいて没個性を装うことができた。単独であれ、集団の中であれ、黒服を着た男は重大な力の手先である[10]」。

重大な力の手先――モダンの黒服は、あからさまな富や地位の顕示を否定しつつ、みずからの力を「黙示」する。ダンディズムとはこの黙示の技《アート》であるといっても過言ではない。

こうして黙示する黒の制覇とともに、宮廷に花咲いたあの美々しい権力の衣装は解体を遂げたのである。

エクリチュールの仕事場

それにしても、そうしてダンディが仄めかすもの、何よりそれは「閑暇」である。ボードレールのダンディ論の冒頭を想起しよう。「金持ちで、暇があり、たとえ飽いて無感覚になってしまっていても、幸福の跡をつけて追う以外に仕事のない男……[11]」。厭うべき「有用の業」を断固として排するダンディは、つまるところ「優雅の他には職業をもたない男」にほかならない。かの伝説のダンディ、ジョージ・ブランメルの白い襟飾り《ネクタイ》の凝った結び方が時の話題をさらったというのも、その凝りようが「無駄な時間」を表し、つまるところ彼が持てる閑暇の記号であったからこそなのだ。

けれども、そうしてシンプリシティによって閑暇を表すダンディズムを生んだ近代は、同時にまた閑暇からはるか遠く、「勤労」のエートスを生み出したインダストリーの世紀でもあった。男たちがせわしなく仕事に勤しむモダン都市に姿を現すダンディは、実のところ曖昧で両義的な存在にほかならない。黒に身をつつむかれらは、閑暇を誇示するかにみえながら、その実、最も閑暇から遠いインダストリーの領域に属してもいたのである。

そのインダストリーの領域とは、ほかでもない「文学」である。社交界に姿を見せたダンディはやがて舞台を拡げ、モダン都市のブールヴァールを遊歩しつつ、文芸市場という領域にその曖昧な姿をのぞかせる。「遊歩者」を語るベンヤミンのボードレール論を想起しよう。

何するでもなく、ぶらぶらとブールヴァールを遊歩する遊民、黒衣をまとい、群衆の闇に紛れて都市を徘徊する遊歩者。ボードレールはその遊歩者を、「お忍びの帝王《ダンディ》」と言った。ところがこの帝王は、実のところ優雅からほど遠いある計算を働かせている。かれはブールヴァールでこれ見よがしに「懶惰な時間をすごし」、自分の無為を公衆に見せつけながら、自分の「労働力の価値」に「幻想」性を付与しているのである[12]。ベンヤミンはこのあやしげな遊歩者を「ボエーム」と呼んだ。「文士は、遊民として市場へ赴く。それは、かれの考えでは市場を眺めるためなのだが、じっさいにはもう、買い手を見つけるためなのである[13]」。

貴族の社交界の凋落とともにサロンという文芸の場が廃れていった十九世紀、文学はジャーナリズムという新しい領域に場を移す。それにつれて、社交界に姿を見せていたダンディは、ボエームと名を変えながらジャーナリズムの世界に姿を見せる。このあやしげな「黒の帝王」は、閑暇によって自己の卓越性を示すつもりでいながら、実のところ自分の文章の買い手を探さねばならない身の上なのである。作家にとって、宮廷文化の終焉とはつまるところパトロンの喪失にほかならない。黒衣の遊歩者が誇らかに見せている閑暇は、仕事にあぶれた作家の無為と踵を接しているのだ。

しかも、モダンの黒の両義性はこのようなボエーム現象にとどまらない。さらに積極的に、作家たちはその作品の生産の場においてこそ実はインダストリーの徒であった。ここでわたしたちはモダンのもうひとつの黒、黒服とはまったく別の、しかもそれでいてまぎれもなくブルジョワジーの黒に出会う。それは、エクリチュールの黒である。

事実、十八世紀から十九世紀にかけ、ロマン主義の隆盛をみた近代は「小説」の世紀であり、多くの平民作家の台頭をみた時代である。血統の力を持たないかれらは、「書く」ことによって成功をおさめ、栄達をはたそうとした。「剣」の時代が終焉を見たとき、剣に代わって男たちの武器となったのは「ペン」であったのである。「われ、ナポレオンが剣にて成したことをペンにて成さん」――書斎にこの銘をかかげた小説家バルザックはかれらの征服欲を典型的に物語っている。

そう、それは征服欲であった。小説を書くということは、エクリチュールという労働によってもうひとつの世界を構築すること、それをとおして歴史を書きかえることにほかならないのだ。そこでは自分自身が王であるような歴史=物語《ヒストリー》を。王というパトロンを失った近代の作家たちは、空位になった王座をめざしてエクリチュールに赴く。このとき、黒いインクは文字通りインダストリアルな仕事場の営みとなる。

書くという営みを「モダンの規律《ディシプリン》」として論じるセルトーのエクリチュール論「書のエコノミー」に就いてみるべきであろう。セルトーはエクリチュールという実践を次のように規定している。「書くとは、いったいどのようなことであろうか。わたしがエクリチュールということばで指しているのは、具体的な活動であり、ある固有の空間の上に一つのテクストを構築しようとする活動であって、こうして構築されたテクストは、いったん外部から自己をひきはなしたうえでその外部に支配をおよぼす[14]」。

セルトーによれば、このとき三つの要件が肝要である。「まず第一に、白いページ」。世界の曖昧さを拭い去られたその清潔《プロープル》な白紙の空間は、主体の所有する「固有《プロープル》の場所」であり、インダストリーが開始されるための要件なのだ。「それから、この場所にひとつのテクストが構築されてゆく」。白いページの上に刻まれてゆく黒の軌跡は、やがて「文を描きだし、最後に一つのシステムを描きだす」。こうしてエクリチュールは、制御可能なもうひとつの世界、「製造された」世界を構築してゆく。そして最後に重要なこと、それは、こうして構築されるエクリチュール——すなわち文学——が決して「無償のゲーム」ではないということである。

それは、みずからの外部に支配力をおよぼす。エクリチュールの仕事場は「戦略的」な機能をそなえているのである。（…）ページという孤島は、産業的な転換がおこなわれる通過の場所なのだ。そこに入ってくるさまざまなものは《資料》であり、そこから出てゆくものは「製品」なのである。[15]

こうしてみれば、ブールヴァールを遊歩していたあのボエームという名の作家たちの真の姿が明らかになる。つまりかれらは、閑暇を装いつつ、実のところ「エクリチュールの仕事場」で生産した自分の「製品」の買い手を求めているのだ。

しかしながら、かれらボエームたち以上に明瞭に近代のエクリチュールの仕事場の真相を明かしてくれるもの、それは十八世紀イギリスの小説である。ここでもまたもうひとつのヴィクトリアン・ブラック、イギリス起源の黒が問題なのだ。セルトーが近代の「エクリチュールの神話」と呼ぶ小説、それはデフォーの『ロビンソン・クルーソー』である。

この小説は、わたしが区別した三つの要素をすべてそなえている。すなわち、ある固有の場所をきりとる島、主人たる主体による事物のシステムの生産、そして「自然」世界の転換である。それはエクリチュールについての小説なのだ。そもそもデフォーにおいて、ロビンソンが自分の島を書きあげようという資本主義的、征服的な労働にめざめるのは、自分の日記を書こうという決意と軌を一にしている。そのことによってロビンソンは時間と事物を制御するひとつの空間を確保し、かくて白いページをもって、自分の意のままに生産が可能となる原初の島をしつらえようとするのだ。(…)ロビンソンが、父なき世界を創造しようと欲する息子たちの夢であるのは少しも不思議ではない。(16)

王を失い、身分から自由になったブルジョワジーは、「白いページ」という固有の場所で、エクリチュールの島を築きあげてゆく。「文学」は、父に反逆する息子たちが自分の力によって栄達を果たすための「夢の島」なのである。それぞれの島にたてこもり、黒いインクでせっせと白紙をうずめてゆく作家たちの黒の征服……。

まさしく黒はみずからの「力」を行使する男たちの装具に似つかわしい。ここでも黒はつまるところ卓越化をめざそうとするエリートの色なのだ。ハーヴェイは語っていなかっただろうか。「黒服を着た男は重大な力の手先である」と。エクリチュールは、何にもまして近代のエリートをつくる「重大な力」の最たるものにほかならない。

この意味でこそ、作家たちのエクリチュールの仕事場は、貴族の覇権を覆す「喪の作業」の場であったのだ。

家の中の女たち

それにしても、ダンディズムの黒といい、エクリチュールの黒といい、いずれ劣らず、見事なまでに男の特権的領域そのものである。十九世紀の黒はまさに「男の帝国」の記号にほかならない。ヴィクトリアン・ブラックとはすなわちメンズ・ブラックと同義である。エリートに始まったダーク・スーツはたちまち一般化して近代の男たちの勤労の制服と化してゆく。

そして、黒衣にもまして男性の特権領域であったのはエクリチュールである。文学生産は男の領域であり、サロン文化が花咲いた前世紀にくらべ、この十八、十九世紀に女性作家は数えるほどしかいない。ロビンソンたちのあのエクリチュールのユートピアはまさに「男の帝国」なのである。事実、デフォーの『ロビンソン・クルーソーの驚くべき冒険』は実に「女っけのない」物語である。ロビンソンたちは海から生まれ、生まれるのに母さえ必要としない。まさにこの「エクリチュールの島」は女を排除した「男の帝国」なのである。

そういえばハーヴェイは先の言葉を次のように続けていた。「単独であれ、集団の中であれ、黒服を着た男は重大な力の手先である。そして女性や女性性に君臨する力の手先でもある。(…)黒の最盛期には、黒服の男が振るった力は、家庭であれ社会であれ、死または死に近い厳格さだった[17]」。

女性に君臨する力の手先――まさにハーヴェイが言うとおり、十九世紀は女が支配と抑圧をこうむった時代である。ロビンソンがみずからの力を行使して冒険に旅立ったのにたいし、女たちにはさまざまな禁忌がしかれていた。エクリチュールの特権を自分たちだけの島に囲いこんだ男たちは、同じ力によって女たちを家庭という私領域に囲いこんだのである。

そう、十九世紀は「室内の世紀」、女たちが「家庭の天使」として家の中に閉じ込められた時代であり、著しい男と女の空間分割をみた時代であった。貴族のサロンが男女の集う場であったのにたいし、この「紳士の時代」には、クラブという男性専科のエリート空間が輩出する。競馬クラブ、読書クラブなど、いずれも会員制のクラブは、黒服に身をつつんだ紳士の特権空間であった。

そんな男たちをよそに、外で活動の場をもたず、家の中に閉じ込められた女たちは、いわば「閑暇」のなかに打ち捨てられていた。実際、「優雅のほかに何も仕事のない」者とは、ダンディの定義である以上に有閑階級の女たちの定義ではなかろうか。時まさにオートクチュールが創始されたのがこの時代のこと。男たちが黒を着用するにつれ、貴族の時代には男の領分であった「装飾」は、今や女の領分に移行を遂げたのである。美々しい衣装は富裕な社交界の女たちの晴れ着となってきらびやかにその身を飾った。

そうしたおしゃれのほかに、中産階級の女たちが熱中したものといえば、特筆すべきは「読書」であろう。ピアノとならんで、読書は良家の子女にゆるされた趣味の大きなものであった。小説の世紀である近代、男たちの書いたエクリチュールを消費したのは女だったのである。新聞の連載小説がベストセラーとなった当時、それらの小説の人気を支えたのは女性読者であった。エクリチュールの世紀である近代は「読者する女」の時代でもあったのである。

『ボヴァリー夫人』を想起するだけで十分だろう。エンマはまさに「読者する女」である。修道院で過ごした娘時代、エンマは夜な夜な本を読みふけり、小説に描かれた恋に身をこがす。結婚してからも、小説で読んだようなロマネスクな激情がいっこうにやって来ないのに満たされぬ彼女は、眠る夫をよそにまたも読書にふけり、恋に恋して想いをつのらせてゆく。小説に描かれたパリの恋は、熱く胸ときめく「夢の恋」なのだ。あの人たちは「都会に住んで、通りの響き、劇場のざわめき、舞踏会のかがやかしい光のなかで、心の浮きうきするような、官能のうずきだすような生活を送っているのだ」[18]。

こうして小説のような《ロマネスク》恋に焦がれて不倫の恋に走るエンマは、次から次へと流行のドレスを仕立ててゆく。オートクチュールの創始とともに、モード雑誌が普及してゆくのもまたこの時代のことである。「読者する女」であるエンマはモード雑誌の熱心な購読者でもあり、最後には衣装代の支払いに追いつめられて毒をあおぐ。まことに『ボヴァリー夫人』は近代の「女の領分」を語ってあまりある小説である。女たちにゆるされたのは読書とおしゃれ、いずれも家という私領域で男の生産した「製品」を消費することのみ。紳士の「黒」は、女に禁じられた生産と公領域の皮肉な表徴であったというべきかもしれない。

黒の越境

禁欲の色に染まったこの十九世紀が幕を降ろし、新しい世紀が明けそめるとき、黒は異貌の変容を見せてゆく。

まず一つは、ダンディズムの変容である。快楽の喪に服し、厳格な死衣をまとっていたあのヴィクトリアン・ブラックは、海を越えてフランスに渡って来た時、街を遊歩するボエームに姿を変え、すでにその表情を変えていた。そのダンディは、二十世紀のフランスで面貌を一新することになる。というのも、ここに「怪盗ルパン」が誕生するからだ。

周知のように、誕生の当初、ルパンは英国のホームズを意識し、そのライバルとして造形されていた。だからルパンは何よりまず泥棒「紳士」、すなわちダンディなのである。けれどもそのキャラクターの破格の「明るさ」、女好みの色男という造形はあの暗鬱なヴィクトリアン・ブラックからあまりにも遠い。エリートの卓越性に端を発したダンディズムは、ルパンとともに明るい大衆性を獲得して変貌を遂げたといってもいいだろう。ベルエポックの人気雑誌『ジュ・セ・トゥ』に連載されて大ヒットをとばした怪盗ルパンはいわば現代的なメディアの「アイドル」の先駆けなのである。

しかもルパンの斬新さはそのキャラクターだけに限られない。泥棒稼業のおかげで富豪でもある彼は、変装や逃亡に贅を凝らしたハイテクを駆使する。ルパンは大の自動車好き、スピード狂なのだ。そのうえ、名士になりすました彼が住まう邸宅は、スイッチ一つで動くエレベーターや隠し扉などのハイテク仕様。当時海浜リゾートとして栄えたノルマンディーを舞台にしたルパン・シリーズは、二十世紀の新興成り金《ヌーヴォリッシュ》たちのハイライフを繰り広げて人気を博したのだ。新世紀の幕開けとともに、ダンディの黒は決定的に表情を変え、服喪の色に決別を告げたのである。

そして、そのような変貌を遂げたのはダンディズムばかりではなかった。むしろダンディの変容は、世紀の転換の指標の一つだったというべきだろう。それというのも、二十世紀の到来とともに、前世紀の「性の制度」、あの男と女の領域分化そのものが解体をきたしてゆくからである。ロビンソンの黒の帝国は、大英帝国の黄昏とともにゆらいでゆく。

その解体の大立役者となったのが、いうまでもなくココ・シャネルである。シャネルの生涯はいわば裏返しのロビンソン物語といってもいい。彼女もまたロビンソン同様、無から出発して歴史を書きかえ、新しい種族を生み出してゆく。男に伍して働く、新しい女たちを。

実際、シャネルのモードは、ことごとくが近代の「男の領分」とされてきたものを女の領分に盗用したものにほかならない。何よりまずそれは、あの黒服の盗用である。シャネルとともに、歴史上はじめてダンディの黒がレディズの色になる。黒は女の領域に「越境」を遂げるのだ。オートクチュールの創始以来、女たちにふりあてられてきた美々しい「装飾」を断固として排したシャネルは、シックな黒をモードの座につかせた。

シャネルのそのモード革命がラディカルなのは、たんなるファッションの変容を越えて、そこにライフ・スタイルの全体がかかっているからである。シャネルが黒のモードをつくりだしたのは、女もまた家の外に出て、働くための装いが必要だったからだ。この意味でシャネルのモードは「外」のモードなのである。彼女の仕事が、海の陽を浴びたリゾート着から始まったのは偶然ではない。怪盗ルパンが誕生したスピードの新世紀、スポーティヴでアクティヴな動きに適した「外のモード」が求められていたのだ。シャネル自身の言葉を聞こう。

わたしは、自転車に乗った若い女を見ている。ショルダーバッグをさげ、片方の手で、上下に動くひざのところをおさえ、胸にもおなかにも服地がぴったりはりついている。スピードをあげると、風で服のすそが舞い上がる。この若い女は、必要にかられて自分自身のモードをつくりだしているのだ。ちょうどロビンソン・クルーソーがひとり孤島で、自分の小屋をつくりあげたのと同じように。なんとすてきな女だろう。(19)

シャネルとともに、「ロビンソンの帝国」は逆のジェンダーへと反転し、男の帝国を切り崩してゆく。

ポール・モランはこのシャネルを指して「皆殺しの天使」と呼んだ。この皆殺しの天使のなしとげた破壊の業は多々あるが、黒やスーツの盗用、短髪《ショートカット》などとならび、わたしたちの関心とかかわって画期的なことは、彼女が時代に先んじて「マス」の力を予見していたということだろう。ヴィクトリアン・ブラックが「エリートの黒」であったのにたいし、シャネルが選んだのはストリートの黒、大衆《マス》の黒であったのだ。シャネルは語っている。「わたしも昔は黒以外のいろいろな色を使っていたけれど、結局最後に選んだのは、マスの白黒だった[20]」。

シャネルがそうしてストリートにあふれる匿名のマスの黒を選んだのには、同時代のクチュリエたちのなかでただひとり、彼女だけがアメリカの力を評価していたことと結びついている。そう、シャネルは明けそめた二十世紀が「アメリカの世紀」であり、さらにはメディアの世紀であることをいち早く見抜いていた。アメリカこそはマスの国、貴族的な卓越性からもっとも遠い国だ。シャネルはそのマスの力を先取りしていた。超モダンなデザインの香水シャネル・ナンバー5が売れたのは本国フランスよりアメリカにおいてだった。だからシャネルは言ったのである、「フランス人にはマスのセンスが欠けている[21]」と。

エリートの黒ではなく、匿名のマスの黒の美しさを選ぶこと。それは二十世紀モードの本質にかかわることだ。なぜならモードはもはや一部の特権階級の女たちのものではなく、そこ、街を行きかう女たちの群れ、ストリートから生まれるものだからである。マスを肯定したシャネルは、だから、自分の作品のオリジナリティなど信じていなかった。

よく知られているように、だからこそシャネルはただひとり、デザインのコピーを許容してはばからなかったのである。「モードって芸術じゃない、技術《メチエ》なのよ」[22]――そう言ってオリジナリティ神話など頭から信じていなかった彼女はむしろ、自分のモードがコピーをとおしてマスに広まってゆくことを望んでいた。シャネルはメディアがモードの共犯者であることをよく知っていたのである。

そして、シャネルがあのロビンソンの「エクリチュールの帝国」にたいして最もラディカルな破壊力をふるうのは、まさにここにおいてなのだ。ふたたび彼女の言葉をひこう。

> 時代の空気をすばやくキャッチするのがクチュリエの役目だとしたら、そんなことなんて、ほかの人たちが同じことをしたって不思議じゃない。パリにただよい、散らばっているアイディアにインスピレーションをうけたのだったら、こんどは誰かがそれにインスピレーションをうけてコピーするのよね。
>
> そうよ、いちど発見されてしまえば、オリジナリティなんて無名のなかに消えてゆくのが当然よ。[23]

シャネルがとっているポジション、それは「反オリジナリティ」である。モードは匿名の大衆《マス》から生まれ、街にただよっている気分を表現するものだからだ。その匿名の大衆の色こそ「黒」だったのである。

シャネルが選んだそのモード／メディアの黒は、あの「エクリチュールの黒」にまっこうから対立し、その帝国を切り崩す。なぜなら、セルトーの語った近代エクリチュールの体系とは「オリジナリティの帝国」だからである。父なきロビンソンたちの野心、それは「書くこと」によって自分の名を歴史に刻みこむことであった。近代の「書のエコノミー」とは「署名」の体系にほかならない。そこ、白いページという固有の場所でペンを走らせる仕事に励む作家たちは、その白紙に固有《オリジナル》の名を刻むことをめざしている。時の流れに抗して残る永遠の名、不朽の名を。近代の「書のエコノミー」とは同時に「名のエコノミー」なのである。

これにたいし、時にただよう匿名の群れから生まれ、時とともに消えてゆくファッションは、そのエフェメールな軽さによって「永遠の名」の帝国に穴をうがち、それを空無化してゆく。ファッションの本質を知り抜いたシャネルは、だからこそオリジナリティにアンチしてこう言ったのである。「モードははかないものであればあるほど、完璧なのだ。最初からあるはずのない命を、どうやって守ろうというのだろう。（…）モードはそのはかない命を女たちに託して、消えてゆく運命にある」(24)。

つかのま街にきらめき、時に浮遊しては消えてゆくファッションは、そのはかなさによって不朽の「名の帝国」にテロルをはたらくのである。永遠をめざして屹立するエクリチュールの帝国を、匿名のマスのざわめきが横切りながら、その堅固な領土を空無化してゆく。無にもひとしい布や色の戯れが、つかのまキラキラと時に輝いて、きらめいたかと思えばまたすぐに消えてゆく。不動の帝国からはるか遠く、いつも揺れ動いてかたちもさだかでない匿名の海――「皆殺しの天使」シャネルは、軽さとはかなさによって謹厳なるものを解体するモードが二十世紀に遣わしたとっておきの使者だったのかもしれない。

そして、その二十世紀がまたたそがれて新しい世紀をむかえた今日、匿名のマスの海はさらに広くうねり、エクリチュールの孤島は絶えざるメディアのざわめきの波に洗われている。わたしたちは、十八世紀の天空にそびえ立ったロビンソンの帝国からなんと遥かなところへ運ばれてきたことだろう。モードとメディアのおりなす匿名の海のざわめきは日に日に響きを増しながら、未聞のどこかへ向って流れゆこうとしている。その匿名の流れのゆくえを語るのは、わたしたち大衆《マス》のひとりひとりにゆだねられた務めなのだろう。

注

(1) ボードレール「現代生活の画家」(『ボードレール全集』第四巻、阿部良雄訳、筑摩書房、一九八七年、所収)、一六七頁。
(2) ボードレール「一八四六年のサロン」(『ボードレール全集』第三巻、阿部良雄訳、筑摩書房、一九八五年、所収)、一六六頁。
(3) フーコー『知への意志』(『性の歴史』第一巻)、渡辺守章訳、新潮社、一九八六年、九—一〇頁。
(4)(5)(6) ジョン・ハーヴェイ『黒服』太田良子訳、研究社出版、一九九七年、三六頁。
(7) 同、三九頁。
(8) 同、四五頁。
(9) 同、二八四—二八五頁。
(10) 同、四一五頁。
(11) ボードレール「現代生活の画家」前掲書、一六五頁。
(12) ベンヤミン『ボードレール』野村修編訳、岩波文庫、一九九四年、一五八頁。
(13) 同、一六五頁。
(14) ミシェル・ド・セルトー『日常的実践のポイエティーク』山田登世子訳、国文社、一九八七年、二七四頁。
(15) 同、二七五—二七六頁。
(16) 同、二七七—二七八頁。
(17) ジョン・ハーヴェイ『黒服』前掲書、四一五頁。
(18) フローベール『ボヴァリー夫人』上、伊吹武彦訳、岩波文庫、一九六〇年、五五—五六頁。
(19) Paul, Morand. *L'allure de Chanel*, Hermann, 1976, pp. 138-139 (ポール・モラン『獅子座の女シャネル』

泰早穂子訳、文化出版局、一九七七年)．ただし本訳書はたいへん恣意的な訳なので、引用はすべて私訳による〔モランのこの書は、その後一九九六年の改訂新版を底本とした山田登世子訳『シャネル――人生を語る』(中公文庫、二〇〇七年)として、新訳されている〕。

(20) *Ibid.*, p. 47.
(21) *Ibid.*, p. 47.
(22) *Ibid.*, p. 140.
(23) *Ibid.*, pp. 140-141.
(24) *Ibid.*, pp. 141-142.

(二〇〇三・六)

黒の男たち

大英帝国の黒

二十世紀が暮れゆこうとしている。前世紀とくらべて変わったものもあり、変わらないものもあるけれど、変わらぬものの一つが男性モードだろう。男性の「黒服」は、十九世紀から続いている文化制度だと言っても過言ではない。

黒。闇の色、夜の色。「悲哀」と「否定」の色。

この暗い色について、ジョン・ハーヴェイの『黒服』は、次のようにまとめている。

「……まもなく終わろうとしているこの一千年の歴史の中で、男たちと男たちの着ているものの暗色化、黒色化の傾向が明らかにすすんだ。その動きは十九世紀半ばから後期にかけてもっとも加速し、男性の衣服は女性の衣服と非常に異なるものになった。そしてわたしたちはいま、最後にきて寄せて砕けた黒い波の後流の中で生きている。」

僧服からダンディからパンクまで、西欧の歴史に現れた「黒の男」たちを語るハーヴェイの力作は、男性による男性史として希有な書物だ。彼の描く「喪の色」の文化史を読みながら、読者の心もまた暗く、重く、苦いメランコリーの黒に染まってゆく。そして、思う。たしかに黒は何かの〈不在〉の色だ、と。

そう、黒は何ものかの欠如の色であり、〈服喪〉の色だ。二百年もの長きにわたって、男たちはいったい何の喪に服してきたのだろう？『黒服』は、一章からいきなり「誰の葬式だ？」と始まっているが、まったく、誰の喪に服して、ブルジョワジーは暗色のスーツに身を包んだのだろう。「新興中産階級はなぜ黒服を着たのか？」

こう自問するとき、うかんでくる文章がある。フーコーの『性の歴史』冒頭の言葉だ。第一巻の冒頭部でフーコーは語っていた、「十七世紀の初頭までは、まだある種の率直さが通用していた」と。「誰の身体も、いわば孔雀が羽根をひろげるように大手を振って歩いていた」。そして、十九世紀、このおおらかな身体の祝祭の光景に幕が降りる。「この白日の光に続いて、たちまち黄昏が訪れ、ついにはヴィクトリア朝の単調きわまりない夜に至り着く。セクシュアリテはそのとき、用心深く閉じ込められる。（…）性のまわりで人は口を閉ざす」。ちなみに、この冒頭部の章タイトルは、「われらヴィクトリア朝の人間」である。ヴィクトリア朝の人びとは〈身体〉の喪に服しているのだ。セクシュアリテの秘密をたたみこんだ身体、熱い官能の器としての身体の喪に。

プロテスタンティズムの禁欲の倫理は、〈色〉を消去して世界を闇に染めたのである。その「単調きわまりない」黒は、「官能性や快楽の領域」を排除し禁圧してやまない。フーコーの言築にならって言えば、資本主義の繁栄を誇ったヴィクトリア朝イギリスは、黒い服の下に〈性的身体〉を閉じこめ、包み隠したのである。近代社会は、官能の香りを封殺する沈鬱な黒を「制服」に選びとったのだ。

そう、近代社会の制服。華やかに身体を飾りたてたヴェルサイユの貴族文化が終わるとき〈黒〉は男たちの制服と化してモデルニテの色になる。周知のように、この制服の美を語ったのはボードレールだった。「それは、われらの悩める時代、痩せた、黒い肩の上にまでいつも変わらぬ喪の象徴を担っている時代に不可欠な衣服」なのだ、と。男たちの黒服は「平等」を表す制服であり、シックな〈喪の美〉をたたえているのである。

それは、名高いダンディズムの黒である。「民主主義」の近代は、ヒロイズムの最後の時代でもある。「ダンディズムとは退廃の時代における英雄性の最後の輝きだ。」——こうして落日の美に輝くダンディは、自己の卓越性の威光をあからさまに見せつけることなく、「黒」に包んで秘めている。〈性的なもの〉を禁圧するピューリタニスムは、精神的な〈力〉に関しても同じロジックを行使するのであり、ダンディズムとはあからさまな力の誇示に対する「謹み」にほかならない。だからこそかれらダンディは黒を愛好するのである。この闇の色は内面を隠し、仮面をつけるからだ。ふたたびボードレールの言葉を借りるなら、ダンディズムとは、さながら、「内に潜んだ火の、輝くこともできるのに輝こうとはせずにいるのが、外からそれとうかがわれる」様にほかならない。一種、内向した〈卓越性〉の意識であるそれは、「隠す」とともに暗示し、内面の「力」を外にうかがわせるのである。

ハーヴェイの論が冴えているのは、十六世紀のスペインから十七世紀のオランダ、そして、ヴィクトリア朝イギリスまで、こうした〈力の黒〉を語るときである。聖職者から王者まで、権力者が愛好した黒服は、世界を支配した権力の色であり、支配のためにしばしば死にも仕えた。黒は「帝国」の色でもあるのである。陰鬱で権威的な黒服は、大英帝国の制服でもあったのだ。

黒のセクシャリテ

ということは、視点を変えるなら、ダンディの黒服が「男に対する」衣装だったということである。そう、それは、男どうしの世界で晴れがましく「輝く」黒なのだ。男が力を秘めつつ見せるというとき、相手は男以外にはないからである。すべて衣服というものは他者の視線に映る効果をねらうものだが、力や強さを誇示するにふさわしい他者があるとすれば、それは、自分と同族である男たち以外にない。およそ〈力の支配〉という関係性は、男どうしの間のそれだ。ダンディが卓越性を競うのは、他の男に対してであって、女に対してではない。

とすれば、十九世紀のブルジョワジーの黒服は両義的だというべきだろう。それは、女に対するときは性的であることを抑圧し、男に対するときは、あからさまな優越性を抑圧する。その黒は、官能と力能の発現を慎み隠すのである。黒をまとった身体は、異性に対しては性的快楽を、同性に対しては露骨な力の顕示をおのれに禁じているのだ。黒は「冷ややか」にしか語ろうとしないのである。いや、いっそこう言うべきだろうか。身体の熱さと強さを矯めるために、男たちは寡黙なダークスーツに身を包むのだ、と。

だが、本当にそうなのだろうか？

なぜなら、たしかに衣服は身体を隠すけれど、同じくらい明白に身体を際立たせもするからである。ある場合には、衣服を着た身体は、裸体よりもあからさまに欲望を語り、裸体よりはるかに雄弁に〈力〉のありかを語りはしないだろうか……。黒服に発したわたしたちの問いは、いっそうラディカルなもうひとつの問いを呼びよせる。いったい男は、何のために衣服を着るのだろうか、と。

いかにも、衣服は欲望を隠す。ことに、黒服は。ハーヴェイの書には、歓楽の都市の夜、黒服を着た紳士たちが娼婦を買おうとしている絵画が何枚も収められている。たとえばドガやロートレックの絵。夜闇に紛れた紳士の黒服は、匿名性を際立たせている。そこにあるのは、群衆の黒に紛れ、自己を隠そうとする欲望の姿だ。一方、性を売る側の女たちは、自分の身体をこれみよがしに光にさらしている。この関係にあって、身体性を消去しているのは男であり、身体性を誇示しているのは女だ。〈男の黒〉と〈女の色〉。よく言われる近代の男と女の非対称的な性的関係の典型がここにある。

けれども、事態はそのようにシンプルでもないのである。男どうしのあいだにあるのはもっぱら力の優位をあらそう精神的な闘いであって、目に見える美的価値の競いあい（「どちらが美しいか」）は「女の領分」であるかと言えば、そうとも断言できないからだ。たとえばバルザックの小説『ペール・ゴリオ』が描く「男の対決」の場面など、いったいどう読むべきなのだろう？　少し長くなるが、引用してみよう。

「とある貴婦人のサロンで、二人の青年が出会う。
ラスティニャックは、その青年にたいして激しい怒りのわき起こるのを感じた。まず第一に、マクシムのみごとにカールさせた美しい金髪が、自分の髪はどんなに醜いかを教えてくれた。(…)。マクシムは、優雅に胴を締めつけ、彼に美しい女のようなからだつきをあたえるフロックコートを着ていたのにたいして、ウージェーヌのほうは、昼の二時半というのに黒の燕尾服を着ている。シャラント県出身の才気ある青年は、ほっそりとして背が高く、目が澄み、顔色青白く、親のない娘たちを破産させかねない男のひとりであるこのダンディを見て、服装のあたえている優越性を痛感した。」（平岡篤頼訳）

明らかにここでは、男が相手の男の美貌に嫉妬を感じている。ダンディとは、「女のように」自分の身体美に意識的で、その表層の輝きを見せつける存在でもあるのだ。マキシムのしゃれたフロックコートは、「内に潜む火の輝き」を抑制するどころか、明白にひきたたせているではないか。

来るべき黒の言葉……

なにしろそれは〈パリ〉のダンディの話だから――そう言ってはまちがいだろうか？　禁欲的で陰鬱な黒が大英帝国のブルジョワジーの制服であるとすれば、海を渡った大陸のこちら側、カトリック文化圏にあるフランスのそれは同じ黒服でも大いに意味あいを異にするからである。たしかにボードレールは憂愁の詩人であるにはちがいないが、彼の語る「内に潜む火」は、エロティックな悦楽の残映をたたえてやまない……。

バルザックになると、事態は明白である。ダークトーンに身を包んだ男たちは、二人とも、身体性を隠蔽してもいなければ、官能性を抑圧しようともしてない。それどころか、『ペール・ゴリオ』は「不倫小説」ですらある。ラスティニャックは男爵夫人を恋人にし、女をとおして成功をつかみとるのだから。スタンダールの『赤と黒』に始まって、フローベールの『ボヴァリー夫人』、そしてモーパッサンの数々の小説に至るまで、黒が支配したフランスの十九世紀はこうした不倫小説の黄金時代でもある。

そう、おそらくイギリスの方が特殊なのだ。ハーヴェイが言うとおり、「イギリスの十九世紀の小説には、エンマ・ボヴァリーもアンナ・カレーニナもいない」。まるで、冷たい黒が、「内に潜む火」の炎そのものを消してしまったかのように。これにくらべ、フランスでは、肉体に潜むエロスの火は黒を着ようが他の色を着ようが、かわることなく燃えさかる。男の身体は、女と同じように――少なくとも社交界というスペクタクル社会のなかでは――セクシーな魅力を放つ。いま引用したバルザックの小説もそうだが、もうひとつ、別の小説をあげてみよう。『ペール・ゴリオ』の世紀末版ともいうべき、モーパッサンの『ベラミ』である。黒服がいかに男の性的魅力をひきたてるか、「鏡」という装置を使って実に印象的に語られているからだ。

主人公のデュロワは、初めての社交界の招待に、黒の正装で出かけてゆく。初めてとあって、そわそわと自信がないまま、階段を上ってゆく。と、彼は、「突然、真正面に、正装をこらした、一人の紳士を見る」。思わず後ずさりしたデュロワは、それが、踊り場にある大きな鏡に映った自分の姿だと気づく。「彼はつきあげるような喜びに身をふるわせた。自分が、思ってもみなかったほど、りっぱな男ぶりに見えたからだ。」「三階まで来ると、また別の鏡が目の前にあった。そこで、歩いてゆく自分の姿を見るために、足をゆるめた。彼の様子はじつに上品に思われた。歩きぶりにも難がなかった。すると、ふてぶてしい自信がいちどきにわきあがった。」（田辺貞之助訳）『ベラミ』は、こうして美貌を武器にした男が次から次へと女を征服してゆく物語である。愛欲の匂いに満ちたこの小説は、いかなる性的禁欲とも慎みとも無縁だ。それでいて作者モーパッサンはボードレールの憂愁の系譜を継ぐ世紀末作家であり、太陽よりも月を、昼よりも夜を愛する〈黒の魂〉のひとりであるにはちがいない――。

ということは、いったい何を語っているのだろうか？　二百年におよぶ男性の黒服の歴史は一般的に語りえないということなのか。イギリスの黒、フランスの黒、それぞれの資本主義国の黒があるのだ、と？

いずれにしろ、確かなことは、この黒服がまぎれもなく近代産業社会の男たちの〈制服〉だということである。アメリカしかり、アジアしかり、産業化をたどる国家はすべて、この制服を採用する……。しかも、この世界的傾向は、二十一世紀をむかえようとする現在にあってもいっかな止みそうな気配もない。ボーダーレスという言葉とともに男と女の性差が小さくなり、ほころびをみせている我が国をとっても、大勢に変化はありそうにない。黒のゆくえは、それこそ闇にまぎれて輪郭が定かでない。

黒の歴史とそのゆくすえを知りたい。男の身体の歴史のありかを——。

そう願っているのは、きっとわたしひとりだけではないはずだ。フランスの黒を語る書、日本の黒を語る書、男たちの近代の身体を語り明かす言葉を、わたしたちは待ちあぐねている。そうではないだろうか？

（一九九八・四）

黒のドレス

黒が好きだ。身のまわり品は何でもそうだが、とくに服は黒が好き。黒を着ると気分が落ち着く。そうは言っても黒ばかり着ているわけではないから、グレイや白などほかの色も着るけれど、その日の服装のどこかに黒がないと、まるで自分でないような気がして落ち着かない。黒はわたしのアイデンティティになっているのである。

だけど、「なぜ黒なの？」と聞かれると、もう自分では理由がわからない。歯磨きの習慣をつけてしまった人になぜ歯磨きをするのかと聞いてもどうしようもないのと同様に、あまりにも長年の習性になっているので説明ができないのである。う〜む。なぜなのかしらと自問しながら、黒の好きなデザイナーのことを考えてみる。かれらはきわめて自覚的・戦略的に色彩を考えているからだ。たとえばソニア・リキエル。『裸で生きたい』には、「黒」に捧げられた一章がある。ソニアは明快だ。「私の《旗印——色》、それは黒である」。そうそう、そうなのと、思わずうなずきながら読む。そうして、さらに深くうなずきたい一節に出会う。ソニアは黒の《絶対性》を語っているのである。

——絶対性な黒。なぜなら、もう少し濃い黒とかもう少し薄い黒ということはありえないからだ。黒は、印象的で、独自《ユニーク》で、バロックで、衝撃的で、まるで二つの瞳だけしか見えない黒猫のように、人の視線をとらえる。

——ほかの色たちにむかって《否《ノン》》と言いつつひとり炸裂する〝反逆の黒〟。

ソニアが語っているのは黒の「強さ」である。まったく、黒ほど強烈な色があるだろうか。黒がかくも心をひきつけるのは、それが絶対的な色だからだ。性格が激しいわたしは、とにかく絶対的なものが好きなのである。だから黒の次に好きな色は白だ。白もまたもうひとつの絶対だからである。そういえばシャネルも言っていた。「黒に勝てる色はない。白もそう」と。絶対的だから黒が好き。いわばわたしはデュラスの文学が好きなのと同じ理由で黒が好きなのである。デュラスのこよない魅力は何といってもあの有無を言わせぬ絶対性だ。デュラスを色にたとえれば黒以外にないと思う。

そんなふうだから、どうしても黒を使うデザイナーが好きになる。コムデギャルソンが好きなのはやはり黒のポテンツのせいだと思うし、ヨージ・ヤマモトが好きなのも同じ。イッセイ・ミヤケも、いつも着るのは黒のプリーツだ。ちょっと晴れやかにしようと思うときには、そこに白を重ねる。黒白は最高に派手な色使いで、「超」目立つ。金や銀もよく黒にあわせて使うが、黒白ほどの派手さはない。こんなふうに、どうすれば黒がひきたち、どうすれば黒がもっとも黒になるか、そ

るとなおさら大変だ。スーツケースを開けると、わっと一面に黒の量塊。今度こそ何とかしようと思いつつ、いっこうに黒狂いはおさまらず、旅先のパリでまたも黒の服や小物を買ってしまう。

そんな黒づくしのなかでも、ことに好きなのは黒のドレスである。「好き」という語のテンションを超えて、「愛している服は？」と聞かれたら、迷うことなく黒のドレスを選ぶ。で、いったいなぜドレスなのか？

――こちらのほうは、明瞭に答えられる。スーツでもワンピースでも、服というものは日常的な機能性をおびていなければならない。あるていど着やすくて立ち動くのにふさわしくなければ愛用の服にはなりにくい。ところがファッション・ニンゲンのわたしは、そんな実用性から解放された服が好きなのである。人間に仕えるモノというより、女王様のように誇らかにおのれの主権を主張する服、それがドレスなのだと思う。そう、ドレスは衣装の祝祭であり、《絶対》の服なのだ。

だからわたしは黒のドレスが好き。もう十年以上になるソニアのドレス、同じソニアの黒／金の絹のニット、イッセイのドレス、コムデギャルソンのドレス――愛するこれらのドレスや小物たちは、みなわたしの共犯者、もうひとりのわたし自身だ。だからそれを展示するのは自分自身を展示するような気がして恥ずかしい気もするけれど、あなたの人生で愛する道具はと聞かれたら、やはりわたしは迷わず答えるにちがいない。「絶対、黒のドレス！」と。

（一九九九・三）

欲望のあやうい戯れ

ラグジュアリーの花びら

靴といえば、昨年〔二〇〇七年〕日本で公開され、話題を呼んだソフィア・コッポラの映画『マリー・アントワネット』を思い出す。ソフィアの狙いどおり、史実の重みから解き放たれて恋とおしゃれに遊びあかすマリーの姿には、ラグジュアリーの悦楽が満ちあふれていた。甘い贅沢のアイコンのようなシュガーピンクのケーキが画面を彩り、ヴェルサイユの庭園を歩む優雅なドレスの裳裾が五月の風にひらひらと揺れていた。

なかでも忘れがたいのは、マリーが愛した靴の数々。つややかな絹地にフリルやリボンをあしらったロココのヒールやミュールが画面いっぱいに広がるシーンには、一面にラグジュアリーの花びらがまきちらされたかのよう。

きらびやかに輝くそんなロココの靴たちを再現するために、ソフィアが起用したデザイナーは、言わずと知れた靴の巨匠マノロ・ブラニク。ヨーロピアン・クラシックの枠を極めつつ、コッポラの意を汲んでケーキのような甘さをたたえたマノロの靴たちは、政治を忘れて恋にうつつをぬかした「ラグジュアリーの女王」、若きマリーの悦楽の日々を見事に映しだしていた。

いや、マリー・アントワネットだけではない。ヴェルサイユに集うすべての貴婦人たちにとって華やかなミュールは恋に欠かせない小道具だった。それらのミュールにつけられた名前がそのことを明かしている。裳裾をひくドレスからちらと見え隠れするそれは、その名も〈Venez-y voir〉、「見に来て」と呼ばれていたのだ。十八世紀、ロココの時代に生きた貴婦人たちは、見えるような見えないようなコケットリーな欲望の小道具を使いながら、愛人の心を惑わせて愉しんだのである。

権力のヒール

といっても、ヒールははじめから女性専科だったわけではない。

マリー・アントワネットのラグジュアリーの舞台となる以前、ヴェルサイユはヨーロッパに冠たるルイ十四世が君臨する壮麗な権力の舞台であった。はるかに地平線を遠望する長大な運河から贅を極めた鏡の間まで、宮殿のすべてがルイ十四世の強大な権力に仕える装置だった。

そして、それらのなかでもひときわ名高い装具、それがほかでもない「ヒール」であった。ルイ十四世は「脚線美」を誇った王だったのである。脚線美というとすぐに女の脚を思い浮かべるわたしたちの想像力は、モダンな思考にとらわれているのだ。時をさかのぼること三百年、十七世紀に花開いた絶対王政は、脚線美を誇る王がバレエに興じる時代だったのである。

そうして踊る王の脚をより美しく見せるべく、ある靴職人がヒールを創って宮殿に伺候し、王に捧げたのがはじまりだったという。その赤いヒールをいたく愛したルイ十四世は、宮廷に集うすべての貴紳にヒールの着用を命じた。宮廷貴族が「赤いヒール族」と呼ばれた所以である。

ただし、王の命には、もう一つ、絶対に破ってはならない掟があった。ルイ十四世より高いヒールを履くのはご法度だったのである。ヒールの高さはすなわち位の高さのシンボルだったのだ。ここでヒールは、エロスではなく権力に仕えるものだったのである。

ヒールばかりではない。時代とともにヒールが消えてパンプスになってからも、男の靴はその社会的ステータスを表す重要なアイテムであった。もしこういってよければ、男の靴は、身だしなみ以上に「虚栄」の具だったのである。赤いルイ・ヒールは、まさしくヴェルサイユという虚栄の劇場に似つかわしい装具なのであった。

エロスの器

それから二世紀あまり。ヴェルサイユの貴族文化がたそがれて、ブルジョワジーの時代が始まる。ルイ十四世の権力のヒールも、マリー・アントワネットの華麗なるミュールも歴史の夜のなかに失われて、はるかな追憶のオブジェとなる……。

けれど、貴婦人たちの足を飾ったミュールは別の空間のなかに置かれて女の足を飾り続けてゆく。十九世紀は「室内」の世紀、わたしたちの記憶にいまだ近しいブルジョワジーの「家庭」の時代である。

実際、ブルジョワジーの女たちは「家の中の女」だった。女は「秘められた存在」として、人目から遠ざけられ、家の中にとどめおかれた。そして、アクセスをゆるさないこの距離、この「近づきがたさ」こそ、男の欲望をそそりたてたのである。

秘められたものがたたえるエロス。なかでもとりわけ男の目から隠され、秘められたのは、女の「脚」であった。脚を見せるのは、淑女にあるまじきはしたないことであり、ブルジョワジーのタブーであった。ことにタブーの厳しかったヴィクトリア朝イギリスでは、ピアノや椅子の脚までカバーが掛けられて人目をシャットアウトしたのは文化史上名高い事実である。

こうして女の脚は、ドレスの裳裾のなかに隠された。そして、秘められることによって、女の脚はいいしれぬ性的魅惑を放ち、欲望をそそるフェティッシュとなった。女の脚は、いわば「肉の宝石」となって、男たちを悩ませたのである。

フローベールの小説『ボヴァリー夫人』は、こうした女の脚の魅惑を見事に語りあかしている。「家の中の女」として私領域に閉じこめられたエンマ・ボヴァリーは、あらぬ恋を夢見て憂鬱を晴らす。

そうして不倫の恋に身をゆだねるエンマが、はじめてロドルフと逢びきに出かけるシーン。

――その日のために乗馬服をあつらえ、乗馬靴を履いたエンマは、霧にもやる森の中を恋人と並んで馬を進めてゆく。と、霧が晴れて陽がさし、木漏れ日に木々の緑が映えるなか、二人は馬をとめて歩きだす。「エマはドレスの裾を手でからげた。それでもドレスが長すぎて、歩きにくかった。ロドルフは後を歩きながら、その黒いラシャ布と黒い靴のあいだに見える白い靴下の、えもいわれぬ美しさにじっと見とれていた。ロドルフにはそれが彼女のあらわな裸身の一部であるかに思われた。」

白い靴下につつまれた女の脚は、裸身を想像させて男の欲望に火をそそぐ。「裸身の一部」をつつむ靴は、悦楽の「約束」として、裸体そのもの以上に官能をそそるのである。

そう、脚のフェティッシュとともに、靴はその脚の「代理」となり、脚以上のフェティッシュな対象となる。悩ましい肉体を封じこめた女の靴は、特権的なエロスの器と化したのである。フローベールの『ボヴァリー夫人』からオクターヴ・ミルボーの『小間使いの日記』まで、十九世紀の小説には、靴のフェティッシュを描く作品に事欠かない。ドレスの下に秘められた「肉の宝石」は、濃密な性の匂いを放って男たちを惹きつけたのである。

「前を歩かせて」

やがて二十世紀があけそめて、スカートが短くなり、女の脚は「秘める」ことをやめてゆく。だがそれからも靴のフェティッシュは男の欲望に棲みついて絶えることがない。

一九二〇年代に登場した細く高いピンヒールは、このフェティッシュの挑発的な演出だといっていいだろう。高く尖ったヒールは、男を踏みつけて悦ばせる性愛プレイの装具ともなる。時には淫らに、時には攻撃的に、男たちの欲望をもてあそぶヒールは、近代の想像力に焼きついて、熟れた官能のアイコンになったといっても過言ではない。

それからおよそ百年たらず。二十一世紀の現代、脚は秘めることからはるかに遠くなった。ミニ旋風が通りすぎ、定着し、脚の神秘は消えうせた。そして、それ以上に、もはや女は「家の中」に秘めおかれた存在ではなくなった。

それでもなお、女性の肉体のなかでいちばんエロティックなのが脚であることに少しも変わりはない。美しい脚は、夜の悦楽のしるし……。それを知っているからこそ、女たちはこれほど靴に夢中なのだ。

火をつけたのは、まちがいなくマノロ・ブラニクの登場だろう。壊れそうに華奢なヒールに繊細きわまりないラインを描くマノロの靴は、フェミナンな脚のおしゃれの快楽を目覚めさせた。何世紀かのあいだ眠っていた文化遺伝子がふたたび目覚めるように、あのロココの時代のラグジュアリーの愉しみが、いま女たちのハートを焦がしている。

マノロに続き、九〇年代に登場したジミーチュウの高いヒールとクラシカルなラインは大人の女の官能をたたえて憎らしいほどエレガント。同じように高いヒールのあやうさを遊びつつアートフルなフォルムを創りだすクリスチャン・ルブタンの靴は、危険なアヴァンチュールの香りがする。そのルブタンのヒールは、ソールの「赤」が目印である。女が行くとき、後を歩く男の眼にちらと見え隠れする赤の戯れ……。

かつてロココの貴婦人たちのミュールはささやいた。「見に来て《ヴネ・ジ・ヴォワール》」と。いま、家の外に出た女たちは、自由に、しなやかに、戯れながら言う。「前を歩かせて《フォロー・ミー》」と。美しい靴たちは、女たちのエロスの戯れになくてはならないラグジュアリーな装具なのである。

（二〇〇八・三）

靴を紐解《ひもと》く――ミュールから厚底サンダルまで

「見に来て」

モードはめぐる。三百年も前のトレンドが二十世紀末の現在のファッション・シーンをにぎわしている……。そう、ミュールのことだ。

もともとミュール（mule）は十七世紀、ヴェルサイユの華やかな宮廷生活を舞台に生まれた。ドレスの布擦《きぬず》れの音もあでやかな貴婦人のファッションの決め手になったのが、絹に刺繡《ししゅう》や宝石をあしらった華奢《きゃしゃ》な「室内ばき」だったのである。

室内ばきではあったが、しかしヒールがついていた。バロック時代はヒールが流行しはじめた時代でもあり、ミュールとヒールはいわば「モードの姉妹」のようなものだったからだ。いずれも、曲線《カーブ》の美しさを強調したヒールがフェミニンな優美さを強調している。ドレスと同じく、一点一点が手造りのそれらの靴は、金糸や銀糸の凝った刺繡やレース飾りがあしらわれていて、実に贅沢《ぜいたく》な品であった。

貴婦人たちの足元を飾ったそれらのミュールには、コケットな呼び名がついていた。すなわち、「見に来て」(Venez-y voir)。

それがコケットなのは、「見に来て」と言って相手をひきよせながら、決して「見える」ものではなかったからである。ミュールはもともとドレスの裳裾《もすそ》からちらりとかいま見えるものにすぎなかった。見えないからこそ、男たちのまなざしをひきつけ、想像をあおったのである。見えるようでいて見えず、それでいて「見に来て」とひとを誘うミュール……。

それは、ドレスの下に隠されて悩ましく欲望をそそる、小さなエロスの器だった。

こうしてバロック時代の宮廷に流行したミュールは、定着して、十九世紀まで愛用されてゆく。裕福な中産階級の女たちは自分の私室に親しい客――というより恋人――を招き入れるときなど、湯上がりに(風呂を使う習慣はごく一部の上流階級にかぎられた贅沢《ぜいたく》だったが)、化粧着姿というしどけないスタイルで、小さな可愛い足にはミュールをはいていた。

このようにミュールが色っぽい性愛の小道具としてもちいられた様子は、たとえば印象派の画家マネの名画「オランピア」を見てもわかる。同時代の娼婦を描いて大スキャンダルをひきおこしたこの名画の中、娼婦オランピアは一糸まとわぬ姿でベッドに横たわり、足にミュールをはいている。いかにもミュールは「室内ばき」であり、女がうちとけて自分の姿をさらすときにはじめて異性の眼にふれるものだったのだ。

そういえば、あのボヴァリー夫人もそう。十九世紀フランスの人妻の不倫を描いてベストセラーになったフローベールの小説も、印象的なシーンでミュールを使っている。

ボヴァリー夫人が年下の愛人と逢瀬《おうせ》を重ねるのは、ルーアンの街のホテルの一室。熱い官能の匂いのたちこめるその部屋の中におかれた品々を、フローベールは一つ一つ描いてゆく。暖炉にテーブル、その上のシャンペン・グラス、エンマが置き忘れていったヘアピン……。そして、何よりも、いつもその部屋においてあるミュール。

二人は、「わたしたちの部屋、わたしたちの絨毯《じゅうたん》、わたしたちの肘掛椅子」と言った。エンマは、ミュールについてさえ、「わたしのミュール」と言った。その上履きはレオンからの贈り物で、エンマはいつかふと欲しくなり、彼に贈ってもらったのだった。バラ色のサテンに白鳥の毛で縁取りをした上履きである。エンマがレオンの膝のうえに乗ると、脚が短くて宙に浮いた。するとそのかわいい靴は、踵《かかと》がないので素足に指先だけかかっていた。

ホテルという密室の中、思うさま悦楽に身をゆだねる恋人たちの姿がありありと浮かんでくるようである。華奢《きゃしゃ》なミュールは、男の欲望をあおりたてるコケットな官能の小道具だった。

エロスの黄昏《たそがれ》

そうしてミュールが官能をそそったのは、当時、女の脚がスカートの下に隠されて「見えないもの」であったからである。ふだんは人目に見えないものであればこそ、ちらりと仄《ほの》見える靴は、ミュールであれ、ヒールであれ、まるで女の裸身をのぞき見るような戦慄《せんりつ》をかきたてたのだ。「室内の世紀」と呼ばれた十九世紀は、女がめったに外に出なかった時代だった。だからこそ靴もミュールが愛用されたのであり、少なくとも中流階級以上では、女が外で働くなどおよそ考えられないことだった。脚を人目にさらすことはレディとしてあるまじきことであり、いかにも「はしたない」ふるまいにほかならなかった。

そうした脚が人目に隠され、だからこそ靴がフェティッシュの対象となって男の欲望をかきたてた時代から百年あまり、今や女たちの脚は屈託《くったく》なく人目にさらされている。

「女の解放」の世紀である二十世紀、家庭の外に出た女たちは、もしこう言ってよければ、あらゆる「はしたなさ」から解放されたのだ。高いヒールだろうとミュールだろうと、今やまったく女の自由。脚を見せるのは、はしたないことでも何でもない。

そして、なにもそれは、靴だけにかぎった話ではない。インナーがいつしかアウターとなっておしゃれな街着になり、男の肌着だったTシャツがカジュアル・ファッションの定番となったように、語の広い意味でカジュアルかつ「ヌーディ」なファッションは二十世紀モードの特色である。十九世紀にはおよそ考えられもしなかった装いが市民権を得て流行の一つになっている。ここ数年のミュールの流行も、広くヌーディ・ファッションの一環だと考えられるだろう。ミュールをはいたからとて……、そして、それをはいた脚が人目にふれたからとて……、もはや何のセンセーションをひきおこすわけでもない。

そう、「秘められて」いればこそ男心をひきつけた女の靴は、いわば、その秘密の力を失って、たんなるファッション・アイテムの一つになったのである。謎めいた官能の記憶をなくして、たんなる「おしゃれ」の小道具になってしまったミュール。昔めいた神秘的なエロスの黄昏……。

虚栄の靴

それにしても、ファッションは人を競わせる。もっと高く、もっとスリムに、と。二十世紀になって女がさまざまなタブーから解放され、女の神秘神話が消え去ったとしても、だからといって美を競いあう虚栄心が消え去ったわけではないのである。

はたして、そんな女心を見澄ましたかのように、五〇年代には踵《かかと》が高く細いピンヒールが登場して一世を風靡《ふうび》する。スカート丈が短くなり、ストッキングの普及とあいまって、脚線美を誇るようになった女たちは、競って高いヒールをはいた。もっと高く、もっと細く、とばかりに。

そしてやってきた六〇年代、ミニ・スカート旋風とともにヒールは低くフラットになり、ヒールからスニーカーまで、靴も服も多様化の時代にむかってゆく。

それでもやはり、モードはめぐる。それというのは、ついこないだまで渋谷を中心に大隆盛を極めた「厚底」靴のことである。厚底ブーツからサンダルまで、底のばか高い靴は少女たちの特権的記号となってその存在を際立たせた。

ところが服飾の歴史を紐解《ひもと》くと、この厚底靴もまた、とうの昔に大流行をみた靴なのだ。話は五百年も前、十五世紀のヴェネチアのこと。裕福な上流階級家の娘たちは、ちょうど日本のゲタやポックリにそっくりな高い木台のサンダルをはいた。オリエンタルな雰囲気をただよわせたそのサンダルは「チョピン」と呼ばれ、ヴェネチアからヨーロッパにわたって大流行する。

二、三〇センチもあろうかと思われる高い木底がもてはやされた理由は、一説に、外出する折ドレスの裾が汚れないためとも伝えられるが、真の理由は、平成ニッポンの厚底靴と同じく、とうてい合理的な説明のつかないものであったにちがいない。

要するに——すべての流行と同じく——女たちの差異化願望がそんな厚底靴を生みだしたのだ。実際、当時のおしゃれ女たちは、もっと高く、もっと高くと底の厚さを競いあったという。中には杖をつかないと歩けないほど高いものもあり、良家の子女は、わざわざ付き添い人に連れそわれて高いチョピンをはいたともいわれている。

そう、ファッションは決して「合理的」な理由をうけつけない。細いピンヒールも厚底靴も、わざわざ自然を「不自然」にして、目立ちたいと願う人間の生みだす装具、いずれも虚栄の咲かせる花なのだ。

頭のてっぺんからつま先まで——髪形から靴まで——ファッションはいつも合理から離れて「狂気」の側につく。ヒトは決して理性的な動物ではないのである。そうでなければ、どうしてわざわざ髪や爪を染めたり塗ったりする必要があるだろう？　わたしたちはいつも心のどこかで狂気に染まりたいのにちがいない。だからこそ、「はやりすたり」という無根拠なものがわたしたちのハートをつかむのである。

美しい飾りをほどこされて実用とはおよそほど遠いミュール、歩きにくさをきわめるピンヒール、一人で歩けないほど高い厚底サンダル——どの時代の靴の流行も、根拠のない「時の華やぎ」に身を染めたがる人間の不思議さの形見ではないだろうか。

（二〇〇〇・九）

靴をめぐる愛

「見に来て」

ドレスの下の真珠のようにひそやかに秘められていたもの、それは女の靴だ。長いあいだ、二十世紀の空があけそめるまで、靴はドレスの襞に隠されたもの、秘密の約束のように仄見えるものでしかなかった。そう、秘密の約束――それというのも、女の靴は、秘密のなかの秘密である《脚》をつつみ隠していたからである。

こうして「隠される」ことによって、女の靴は「見える」もの以上に想像をそそり、官能的なオブジェとなって男たちの欲望をあおりたてた。

たとえば、ロココの十八世紀。みやびやかな貴婦人たちの足もとを飾った靴は、たいてい布製で、金銀の刺繍をほどこしたり、宝石をあしらったりした華奢な履物だったが、それらのかわいい靴には、実にコケットな名前がつけられていた。《ヴネ、ジ、ヴォワール》――「見に来て」。

それがコケットなのは、「見に来て」と言いながら、それでいて、決して見えるものではなかったからである。貴婦人が歩くとき、衣ずれの音とともにドレスの裳裾から仄見える小さな《宝石》、それが当時の貴婦人の靴だった。

人目に隠され、それでいて「見に来て」と誘うそれらのコケットな靴は、フェティッシュとなって男たちの熱い欲望をそそる。靴は、秘められた女の肉体の香を封じこめた特権的な《エロスの器》だったのである。

靴のコケットリー

いや、靴というよりむしろ脚を語るべきだろう。靴がフェティッシュの対象となったのは、それが女の脚をつつんでいればこそ——。靴とは《脚の約束》であり、悦楽の約束そのものであったのだ。

そう、女の脚は、靴にもましてドレスの襞に隠すべきものであり、決して人目にさらすものではなかった。それは女の肉体の秘密の泉だったのである。ドレスの衣ずれの音とともにちらちらと仄見える靴によって想像するしかない脚は、「ある」ような「ない」ような、コケットリーの効果をかもしだした。

コケットリーとは、「隠す」ことによって、さしだすものの価値を高める技法である。それは、こは長年の黒装束生活（?）でよくわかっているつもりだが、もういちど、なぜ黒なのかというファンダメンタルな問いをつきつめると、じつのところ自己了解を超えた何かがあるのかもしれないと思う。

というのは、一族のなかにもうひとり「黒狂い」がいるからである。十以上歳がはなれた兄なのだが、彼がまた黒ニンゲンなのだ。服装から書類ケースまで、身のまわり品はおろか、建てた家まで黒である。リビングの床は黒のカーペットを敷きつめ、四方の壁も黒。天井も黒にしたかったのだが、業者の積水ハウスの人に、四角の黒い箱はおかしいからと、堅くいましめられて泣く泣くダークグレイにしたのだと言う。もうずいぶん前に引っ越してしまったから今はもうないが、いちど遊びに行ったときの印象は忘れられない。ああ血族だなあとしみじみ思ったものだ。とくに仲のいい兄ではないのだが、ことファッションになると、ぴったり「黒」で一致する。いったいこれは一族の誰から来ているのだろうと話しあったこともあるが、真相は不明。とにかく黒が好きとしかいいようがないのである。

だから、下着も黒ならパジャマも黒、セーター、スカート、etc.、アウターもインナーもみな黒になり、ワードローブを開けると黒一色。取り出すのに苦労する。黒のセーターなど、カシミアからウール、ポリエステルまで、おそらく十枚以上もっているけれど、形もみなシンプルなリブがほとんどだから分類整理はほとんど不可能、いつも引き出しをかきまわすはめになる。これが旅行にな隠すことによって秘密の在りかを指ししめすのだ。大切なのは、本当に秘密があるのかどうかなのではなく、いかにも秘密があるかのように思わせることだ。

こうして、長い裳裾をひくドレスの襞に隠された脚は、コケットリーを極め、悩ましい秘密の源泉となって男たちの想像力にはたらきかけた。秘められた脚は、エロティックな夢をあおりたてたのである。

この脚のフェティシズムの全盛期はやはり十九世紀だろう。十九世紀は「室内の時代」。女たちは私領地の中に閉じ込められ、家の中に封じこめられる。いわば女は室内に秘め置かれた「花」なのである。その足をつつむ靴は、むろん外を歩くためのものではない。十九世紀の靴は、女たちの足を飾るものであった。

世紀末のデカダンス小説、オクターブ・ミルボーの『小間使いの日記』に、この靴フェティシズムがありありと描かれている。

舞台は北フランスの田舎屋敷、老いた主はひそかに女物の靴を何足も戸棚に隠しもっている。新しくやって来た小間使いの役目の一つは、夜ごと主の部屋を訪れて、言われるまま、選ばれた一足を履くことである。「ちょっと歩いてみてくれるかい?」男に言われるままに、高いヒールの編み上げ靴を履いた小間使いは、ゆっくりと床を歩く。……

ルイス・ブニュエル監督の映画では、ジャンヌ・モローが見事にこの役を演じているが、このシーンの結末は、映画より小説のほうがはるかに生々しい。翌朝、男がベッドで死んでいるのが発見される。編み上げ靴を抱いたまま……。フェティッシュの魔力がそくそくと伝わってくる一節だ。秘められた脚は、それほどまでにあやしく官能にうったえるのである。

フェティッシュの形見

フローベールの『ボヴァリー夫人』にも、こうした脚のフェティッシュを語る美しいシーンがある。恋人のロドルフとの初の逢引きのシーン。黒い乗馬服をあつらえたエンマは乗馬靴を履いている。木漏れ日のさす森の中、男と女は、馬をとめて歩いてゆく。

——エマはドレスの裾を手でからげた。それでもドレスが長すぎて、歩きにくかった。ロドルフは後を歩きながら、その黒いラシャ布と黒靴のあいだに見える白いストッキングの、えもいわれぬ美しさにじっと見とれていた。

美しい白いストッキングにつつまれた女の脚は、裸身を想像させて男の欲望に火をつける。特権化され、フェティッシュとなった「裸身の一部」は、悦楽の《約束》の象徴なのだ。女の脚を「見る」とは彼女を「所有する」ことにひとしかったのであり、脚を見る者は想像の中で女をかきいだくのだった。

だからこそ、性をめぐる禁忌の強かったヴィクトリア朝は、脚についてもあれほどマナーがきびしかったのである。レディたるものが脚を人目に見せるのは、髪をとくのと同じくらいに「はしたない」ことだったのだ。

そのヴィクトリアン・モラルが黄昏れてからほぼ一世紀、それらの《エロスの器》たちは、博物館に形見をのこして、どこへ消えてしまったのだろう。

（一九九七・Autumn / Winter）

Ⅲ　シャネル

アメリカ版『ヴォーグ』に載った黒のドレス。モダンな女性のユニフォームとして「シャネルという名のフォード」と評した。(図は『ヴォーグ』フランス語版、1926年11月号より)

シャネルのモード革命

ファッションの「革命家」ココ・シャネル

あなたは、シャネルという女性を知っていますか？　「シャネル」ブランドを立ち上げたココ・シャネルは、語るに値する女性です。生まれたのは十九世紀、一八八七年だから、日本では明治時代。そう、与謝野晶子なんかと同時代です。意外と古い人なんですね。

亡くなったのは一九七一年。その後、ドイツ人デザイナーのカール・ラガーフェルドがシャネルのメゾン（フランス語で「店」のこと）を継ぎました。彼の力もあって「シャネル」は現在、ルイ・ヴィトンやエルメスと並ぶパリのラグジュアリーブランドとして繁栄しています。

シャネルは、当時の「モダンガール」の先頭に立っていた女性でした。残されたポートレートを見ても実に「いい女」です。中でも有名なのが、写真家マン・レイが撮影したくわえ煙草姿のポートレート。このときシャネルは、すべて自分でデザインしたものを身につけていて、実にカッコイイのです。

シャネルのファッションの特色を一言で言えば、「自分の着たいものだけをつくった」こと。そして、その「着たいもの」が同時に、時代が求めていた洋服だったんですね。

シャネルは、彼女が登場する以前のモードをすべてひっくり返した革命家だった。そして同時に、無から一代で「シャネル帝国」を築き上げた起業家でもありました。男の子にも分かるように言うなら、ファッション界のビル・ゲイツだったんです。それも、ビル・ゲイツよりもずっと恵まれない環境に生まれ、ものすごいハンディを背負ったところからスタートしている。こんな人は今後ももう二度と現れないでしょう。そんな起業家でした。

装飾にノン——十九世紀ファッションを埋葬する

じゃあ、そのシャネルの「革命」は、どこから始まったのかというところから見ていきましょう。

シャネルの時代に流行した洋服を見てみると、例えば今日私がそのかっこうをしてもそれほどおかしくないというものばかり。キャミソールをそのまま長くしたような形のワンピースなど、最近また流行しているような形のものもあります。

ところが、シャネルがまだ無名だったころ、十九世紀末に流行っていた服は、それとはまったく違っていた。コルセットで身体を締め付け、スカートを大きく膨らませ、ウエストが細ければ細いほど美人とされたんですね。映画『風と共に去りぬ』にも、主人公がコルセットを締め付けすぎて気絶するシーンが出てきます。

当時、オートクチュール（それぞれの人のサイズに合わせてつくる、一点ものの高級服）の顧客となっているのは一部の特権階級、富豪の女性たちだった。だから、自分でひとりでは着られない洋服ばかり。コルセットだって、自分では締められないから誰かに手伝ってもらわなくちゃならない。つまり、家にメイドがいるような裕福な家庭の女性たちだけが、当時のオートクチュールの顧客だったんです。

そんな中で、十代のシャネルは生まれ故郷からパリに出てきました。一昨年、私もその故郷の町に行ってきましたが、パリから本当に遠く離れた田舎町。日本でいえば木曽の山奥かな、というくらいのところです。

そんなところから若い女性がパリに出てきたら、普通なら選択肢は二つしかないと思います。そのとき流行っているものに自分も染まろうとするか、もとのままの田舎娘でいるか。ところが、シャネルのすごさは、そこで「流行っているもの」にまったく憧れを抱かなかった、「真似しよう」と思わなかったことなんですね。

贅沢で華美な十九世紀ファッションを埋葬する――。そのときは、そこまでの思いはなかったかもしれない。でも、目の前の世界に対して「こういう服だけは着たくない、こういう服は私には絶対に似合わない」「こういう服を着るような人生だけは生きたくない」と思ったことはたしかです。それがシャネルの最初の選択でした。目の前にある既成の贅沢ファッションに「ノン」をいう。そしてそれを一生貫いた。シャネルが「皆殺しの天使」と呼ばれた所以です。そうして彼女は自分の着たい洋服だけを商品にしていったんですね。

シャネルはこう言っています。「それまでは、オートクチュールの世界は、メイドに靴下を履かせてもらうような人がお客だった。だけど、私がお客にした女たちはもっとアクティブだった」「活動的な女性には着心地の良い服が必要。袖をまくり上げられるようでなければ駄目」。実感がこもっていますね。

日本でも、成人式のときに多くの女性が振り袖を着るでしょう? あれは自分では着られないし、着たらその日一日はもう「自分ではない」ような気分になりますよね。十九世紀に流行していたのは、それと同じような洋服でした。そんな服で毎日暮らすなんて、あるいは毎日オフィスで働くなんてあり得ない。シャネルは、自分自身が働く女だったから、働く女のためのファッションをつくり上げたんです。二十世紀がそういった服を求めていたんですね。

素材の革命――ジャージーとニットで女性を「解放」する

シャネルはストリートで生まれ育った、今分かりやすい言葉でいえば「ストリートチルドレン」でした。だからストリートをこよなく愛した。「モードはストリートから生まれ、ストリートに消えていく」という言葉も残しています。

シャネルは、ストリートに流れる風をいつも感じていた。そのシャネルが起こした「革命」の一つが、ジャージー素材です。当時、ジャージーは男性の下着などに使われる素材で、モードの表舞台には決して出てこないものでした。高価なレースや毛皮の対極にある、地味な素材。それこそがシャネル・モードの出発点だったんです。「私は、それまで下着にしか使われなかったジャージーをあえて表地に使って、ジャージーに栄光の座を与えた」。シャネルはこうも言い放っています。

機能的なジャージー素材は、シャネルにとって「解放」の象徴でもありました。彼女は、コルセットをはめられ、装飾に飾り立てられて自由を奪われた窮屈な洋服から、女性たちを解放したかった。「私はジャージーを開発して、女の身体を自由にした」という言葉も残していますが、まさにそのとおりだと思います。

そして、もう一つの素材における「革命」が、セーター。今、私たちは女性も、当たり前のようにセーターを着ますよね。でも、当時はセーターといえば男物であって、それを女性のファッションに使うなどということは考えられなかった。シャネルが初めて、それをやってのけたんです。

二〇〇九年は「シャネルイヤー」で、シャネルの生涯を描いた映画が三本も公開されましたが、その一本にもこんなシーンがあります。シャネルが最初にして絶対の恋人だったアーサー・カペルと一緒に、ドーヴィルというパリから二時間のリゾート地にドライブに出かける。シャネルは山育ちだからそこで海を初めて見て、海で働く男たちが着ているセーターに目をつける。そして「あ、これ着てみたい」と思って着始めるんですね。

当時は、リゾート地でもみんな、コルセットで身体を締め上げ、長い裾をひきずって歩いていました。でも、「そんなのは着たくない」と考えたシャネルは、ニットやジャージーを使った全身自作の服を身にまとって歩きます。当時は第一次世界大戦のさなかで、お金持ちのマダムたちが大勢ドーヴィルに疎開していました。彼女たちを相手にここで店を開いたのが、シャネルのクチュリエとしての出発点になるんです。今、私たちが平気でファッションとしてセーターやジャージーを着られるのは、シャネルのおかげなんですね。

「私はなぜモードの革命家になったのか考えることがある。自分の好きなものをつくるためではなく、何よりもまず自分が嫌なものを流行遅れにするために。自分の着たいものが、しかし潜在的に時代が求めていた服だった」。これもシャネルの言葉です。

白と黒とベージュ――色の禁欲

そしてまた、シャネルの革命は「色」の革命でもありました。彼女が登場する以前、女性たちのドレスに使われる色は、モーヴ（薄紫）やピンクなど、いわゆる「きれいな色」に限られていた。その中で、シャネルはベージュという「土」の色を初めてモードの舞台に持ちこみました。

そして何より、シャネルが「選んだ」、大好きだった色は「黒」。それまで喪服にしか使われることのなかったこの色を、シャネルはあえてシンボル・カラーに選び取った。そしてそれはそのまま、新しい世紀のカラーとなっていきます。

そして、彼女が次に愛した色は「白」。これも非常に象徴的なことに思えます。十九世紀の華美な贅沢、ゴージャスにノーを言ったシャネルは、自分のシンボル・カラーに絶対的にシンプルな色を選んだんですね。

「黒はすべての色に勝つと私は言ってきた。白もそう。二つの色には絶対的な美しさがあり、完璧な調和がある。舞踏会で白か黒かを着せてごらんなさい。ほかの誰より人目をひくわ」。シャネルは、最後まで「黒」にこだわりました。

また、「実用性」ももう一つのシャネルのファッションのコンセプトです。「私が嫌いなのは手の入らないポケット。飾りボタン」というシャネルの言葉にもそれは表れていますよね。

例えば、厚底のサンダル。ある日、シャネルがヴェネチアのリゾート地で熱い砂の上を歩いていたら、足が焼けるように熱くなってきた。そこで彼女は、靴屋にサンダルを持っていって底にコルクを貼らせます。それをきっかけに、コルクの厚底サンダルが一気に流行ったんですね。

それから、今ではシャネル・モードの代名詞にもなっているチェーンベルトのショルダーバッグ。これは、もともとはシャネルが自分のためにつくって愛用していたものを、クライアントが見て「ぜひ商品にしてくれ」と頼んだもの。仕切りも多くて、口紅やコンパクト、今なら携帯電話なども分けて入れられます。なぜ肩に掛けるバッグの形にしたかといえば、機能的で両手が自由になるから。そしてチェーンベルトは、馬の調教師が持っていた乗馬用のバッグからアイデアを得たんだそうです。

後でお話ししますが、シャネルはメンズのデザインを自分のファッションに多く取り入れました。それも、男性向けの洋服や小物が「仕切りが多い」といった高い機能性と実用性を備えていたからこそだったのでしょう。

修道院——シャネル・モードのルーツ

では、こうしたシャネルの着たがった衣服、身体が伸びやかになれる「シャネル・モード」はどこから出てきたのでしょうか。

シャネルは、幼いころから一生癒えない心の傷を抱え、けれどそれをエネルギーに変えて人生を上り詰めた女性です。彼女は、親に捨てられた孤児だったんですね。

シャネルの父親は田舎の行商人だった。商売のために、ふらっと家を出て行ってはまた戻ってきて、というような生活。それでもシャネルは父親が大好きでした。ところがシャネルが十二歳のときに母親が亡くなると、父親はシャネルをその姉と二人、孤児院に預けてしまう。シャネルにはきょうだいがたくさんいたので、父親も男ひとりで大勢の子どもを抱えきれなくなったんですね。そして、「戻ってくる」と言いながら、二度と戻ってこなかった。シャネルは十二歳から十七歳までを、孤児院で過ごすことになります。

多感な時代です。いいことも悪いことも、そのころに体験したことは一生消えない。その時期を、シャネルは親に捨てられて孤児院で育った。それは彼女にとって一生のコンプレックスになります。だからこそ、シャネルは自分の過ごした青春を語らなかった。ある評伝にも「孤児院という言葉こそ、シャネルが一生口にしなかった言葉だ」とあるけれど、その気持ちを思うと胸が痛みます。どんな思いがそこにあったんでしょうか。

以前、シャネルが育った孤児院を経営していた修道院に行きました。パリから電車で四時間、そこからさらに車に乗って辿りつく田舎。「この世の果て」という感じの僻地です。十二世紀に建てられた修道院にあるのは、黒、白、ベージュの「シャネルの色」。この修道院はシトー派で、すごく戒律が厳しい。ステンドグラスの彩色も禁止されている。歳月を経てグレーになったガラス窓を見たとき、これがシャネルなんだ、ここにルーツがあるんだ、と感じ入りました。

シャネルは孤児院時代のことを絶対に語らなかったから、誰も伝記を書けなかった。でもきっと、あの修道院がシャネルの原点だったんだと思います。そこからパリに出て行ったけれど、パリのファッションに染まるのはどうしても嫌だった、ということだったのでしょう。

デザインに関して言えば、シャネルは「素人」でした。他のデザイナーたちが、みんな独立する前は他の店で働き、先任者の技量と経験に学んで修行を積む経験をしているのに対し、正式に裁縫を習った経験さえなかった。孤児院時代の日課の一つにおそらく裁縫があったと思われるけれど、それだけです。ひたすらに自分の着たいものを貫き、アイデアだけで時代の空気を捉えた、シャネルはそんなデザイナーだったのです。

恋多き女、シャネル――メンズからの盗用

そうして、何本も映画がつくられるほど波瀾万丈な人生を送ったシャネルはまた、「恋多き女」でもありました。中でも、シャネルが「もっとも愛した男」と語り、最初で最愛の恋人だったとされるのが、先ほども述べたイギリス人青年実業家のアーサー・カペルです。

愛称は「ボーイ」。シャネルとは、乗馬――スポーツウーマンだったシャネルは、乗馬も時代に

先駆けて堂々とこなしていたので——や車といった共通の趣味があったし、私生児で、生まれ育ちに共通点もあった。そして、女性が働くなどということが考えられなかった時代に、店を出す資金をシャネルに提供もしています。シャネルにとっては、彼と出会えたことが天からの恵みだったのかもしれません。

シャネルはいつも彼のものを借りて着ていました。あるとき、シャネルが彼の羊の皮のコートで着たきり雀でいるのを見たカペルはこう言います。「そんなに気に入っているのなら、それをイギリスのテーラーで『エレガント』に作り直したらいいじゃないか」。シャネルはのちに、「カンボン通り（シャネルの本店があるパリの通り）のすべてがカペルのこの言葉から始まった」と振り返っています。

シャネルは、女らしくしていなくてはならない、常に綺麗に着飾っていなければいけない、という生き方が嫌だった。だから生き生きと活動できるような、スポーツもできるような、さっさと大股で歩けるような、ユニセックスなファッションをつくり出した。男性が着るものだったスーツを女性のファッションに取り入れたのも、パンツを履いたのも、もちろんシャネルが初めてです。

ただし、シャネルは男性に恵まれなかった。カペルは自動車事故で命を落とします。そのころシャネルは三十五歳。カンボン通りに店を開いたばかりで、そこそこ流行っていたが、その後一年間はほとんど泣いて暮らしたといいます。カペルは死んだことでシャネルにとっての「絶対の存在」になったんです。

その後も「恋多き女」シャネルには多くの恋人がいました。四十歳のときには、イギリス一の富豪であるウェストミンスター公爵と出会い、恋に落ちた。帽子から洋服から、多分靴まで全身全て、彼のものをそっくり借りて着ている写真が残っていて、これもすごくよく似合っています。

「著作権なんていらない」――コピーされてこそ本物

さて、起業家としてのシャネルを見ていきましょう。シャネルが唱えたのが、意匠権、デザイン権の無用論です。

シャネルがクチュリエとして活躍しはじめたころ、パリのモード界は「コピー問題」に直面していました。十九世紀末に生まれた先発ブランドのルイ・ヴィトンやエルメス、そして二十世紀ブランドのシャネル。いずれも、デザインをコピーした偽物が出回っていた。もちろん、どのクチュリエもコピー商品を許さず、厳しく取り締まろうとします。その中で、シャネルはただ一人、放任してとがめなかった。だから、みんなどんどんコピーを作る。見ようによっては、シャネルは「コピーしやすい」ようにあえてシンプルなデザインをしたのではないかとも思えるくらいです。

一九二六年に、アメリカ版の『ヴォーグ』に掲載された一枚のシャネルの黒いドレスがあります。飾りは一つもなく、すっきりとすべての無駄をそぎ落とした、シンプルきわまりない「リトル・ブラック・ドレス」。そこに、『ヴォーグ』の記者はこう書きました。「これは、シャネルという名のフォードだ」。

フォードは、一九二〇年代のアメリカ大衆社会の象徴であり、「自動車立国」アメリカを築いた自動車ブランドです。その創立者である「自動車王」ヘンリー・フォードは、「私は大衆のために自動車をつくる」と言いました。

ベルトコンベアを使った「フォードシステム」と呼ばれる半自動の生産ラインでの大量生産。そしてそれを可能にするために、デザインはどんどんシンプルになっていきました。そうやってフォードは、それまで大衆の手には絶対に届かない、ヨーロッパ生まれの高級品だった自動車の生産コストを下げ、「大衆車」を実現することに成功したのです。

シャネルのコンセプトも、フォードと同じ。「私はファッションをストリートに広げた」という言葉も残しています。だからシャネルは大量生産に大賛成で、粗悪な「ニセシャネル」がどんどん出ても、怒るどころか喜んだ。そこが他のクチュリエとは違うところ。そういえば、フランス人にはアメリカが嫌いな人が多いけれど、シャネルは「私はアメリカが好き。私はそこで財産を築いた」と明言していました。

同じパリのラグジュアリーブランド、エルメスと比べてみましょう。エルメスはもともと鍛冶屋で、馬具をつくっていた。転機のきっかけは、三代目のエミールが徴兵に取られてカナダに革の調達に行き、そこで自動車社会の現実を目の当たりにしたこと。馬車の時代は終わった、今後は馬具なんて買う人はいなくなると直感したエミールは、大英断を下し、革を使ったバッグづくりを始めるのです。

それも、大量生産・大量消費に逆行するハンドクラフト。すべて手縫いで、最初から最後まで一人の職人がつくるというもの。今でも、エルメスの店舗を訪れてもそこに商品は売っていません。つくる職人も少ないから、注文生産で三年は待たされる。エミールはそうしてあえて少量生産にすることで、そこに商品価値が生まれるに違いないと考えた。「希少性」という価値に賭け、そして成功したわけです。

シャネルは逆でした。フォードに賛成し、大衆が着てどんどん出回って、ストリートで流行る服を目指した。著作権、意匠権、そんなものはいらない、と。「外国人は自由に私たちのデザインのコピーができるし、している。だったら、服について特許を考えたりするのはまったく無駄なことだ」と言っています。

こうした考え方は、現代なら理解できるものかもしれないけれど、当時そう主張したのはシャネル一人。他のクチュリエたちにはまったく理解できないものでした。みな、エルメスなどと同じようにコピーには絶対反対だった。シャネルはモード界で孤立し、憎まれたんです。

でも、シャネルの考え方は、著作権を主張する他のクチュリエたちよりはるかに現実を突いていたし、現在に通用するものだったといえるでしょう。そして、そこにあるのは、「偽物があるから本物がある」という信念。自分が何かを手作りしたとしても、それを誰も真似してくれなかったら、「それなあに?」で終わり。希少性という価値は、大衆市場があってこそ生まれるもの。偽物がたくさん出回っているからこそ、本物に価値が生まれるのだ——。
シャネルは、そのことを最初から理解していました。私はこれをシャネルの「偽物主義」と呼んでいます。

ネームがバリュー——シャネルはシャネルだから価値がある

シャネルは、イミテーション・ジュエリーをつくらせ、わざと本物と偽物を混ぜてつける、ということもやりました。先にも触れた、マン・レイ撮影の「くわえ煙草」ポートレートのときもそうですね。

シャネルが登場する以前、世の中に「アクセサリー」というものはなかった。女性たちの身を飾るのは、本物の、高級な「宝石」だけだったんです。金持ちであることと、おしゃれであることが同義語。シャネルは、そうした状況をラディカルに覆した革命家でした。

宝石についても、いろんな言葉が残されています。

「首の周りに小切手を貼り付けるなんてシックじゃないわ」

「本物を愚弄するために、（本物とイミテーションの）二つをわざと混ぜて付けているの」

「私は喜んで宝石をじゃらじゃら付けることにしているわ。私がつけるとみんな偽物に見えるでしょう？」

どの言葉もすごくかっこいい。さらには、こんなことまで言っています。

「なぜ私はイミテーション・ジュエリーをつくったか。それは宝石を廃絶するためだ」

金持ちしかおしゃれじゃない、そんなのはつまらない、ということでしょう。シャネルは、現在私たちが楽しんでいる「アクセサリー」の創始者でもあるのです。

では、そうして「偽物」を使ったシャネルは安いのかというと、安くありません。もちろん、ダイヤモンドほど高くはないけれど、しっかり高い。以前、『ブランドの条件』という本を出したときに、帯に「ブランドはなぜ高いのか」という文句を入れたのですが、あの本を書いたのはそれが自分でも疑問だったからです。

ブランドの高い価格の根拠は何なのか。例えば、エルメスならハンドクラフトの希少性でしょう。ではシャネルは？　シャネルは「シャネル」という名前だから売れるんです。ネームバリューとは私たちが何気なく使う言葉だけれど、まさに名前が価値の根拠なんですね。

例えば、ルイ・ヴィトンはよく「皇室御用達」と言われるし、十九世紀ブランドはみな、皇室御用達となって絶大な信用を得るという道を経てきています。でも「皇室御用達だからルイ・ヴィトンは価値がある」というのと、「ルイ・ヴィトンはルイ・ヴィトンだから価値がある」というのと、どちらが「ブランド力」でしょうか？　もちろん後者ですよね。そして、シャネルはその後者、シャネルはシャネルだから価値があるんです。

シャネルは自分の名前を高価格の「根拠」にしました。「使われているのは偽物のダイヤだが、それは本物のシャネルである」という、ちょっと考えると頭がこんがらがりそうなことを実現して世の中に通用させ、今でも通用している。それがシャネルなんですね。

これを言いかえれば、シャネルは自分の生涯を「伝説」にしたということです。口から口へ、時代から時代へと語り継がれる物語、流布される伝説こそが、ブランドをブランドたらしめる。その伝説を維持していたのは、十九世紀までは「伝統」だったけれど、二十世紀以降は知名度、「有名性」になりました。シャネルはこの新しいブランドのあり方の先駆者だったんです。

先ほど、シャネルは「コピー製品を規制しなかった」と言いましたが、シャネルは「誰もコピーしたくない、真似したくない洋服なんて最初から魅力がない。真似したいと思わせてこそだ」と言っています。これがシャネルのブランドコンセプト。モードとは模倣現象であることを、シャネルはしっかりと理解していたんです。

そして、自分自身をその模倣のための「モデル」にしました。ファッションそのものだけではなく、例えば一生仕事を持つ、そうしたライフスタイルまでも、そのままパッケージングして商品化した。そのシャネルの姿が時代の求めるモデルであったために受け入れられ、現在にまで引き継がれているんです。

七十歳のカムバック——伝説になったシャネル

最後に、シャネルの人生の最後の「一波乱」を見ておきましょう。

シャネルは第二次世界大戦が迫ってきた一九三九年、アクセサリーと香水部門を残してすべての店を閉じます。「もう高級オートクチュールの時代ではなくなった」と考えたから。まさかその後、自分に一四年間ものブランクが訪れるとは夢にも思わなかったでしょう。

そして、その年に出会った年下のドイツ人将校と恋に落ちます。もしかしたら、ナチスとも関係があったのかもしれないけれど、それについては多くは語られていません。

一九四五年、ドゴール将軍率いるフランス軍によってパリが解放され、第二次世界大戦は終結します。その後「ドイツ人の愛人」を持っていたシャネルは、対独協力の嫌疑で軍の尋問を受けました。それでもすぐに釈放され、国外追放という軽罪で済んだのは、香水の「No. 5」で莫大な外貨を稼いでいたセレブだったし、当時イギリスの首相だったチャーチルとも親交が深かったため、その口添えもあったんじゃないかと言われています。ともあれ、パリを離れ、スイスへ向かう。事実上の亡命でした。

そこから一四年間、シャネルはスイスに身を潜めます。密かにカムバックの機会をうかがっていたのだろうけれど、そのころの資料はまったくありません。シャネルの人生は、十代の孤児院時代も、そして晩年の五十三歳から七十歳までも沈黙に包まれているんですね。

ようやくパリへ戻り、カムバックを果たしたとき、シャネルは七十歳。当時の七十歳は、今でいう七十歳よりももっと「老人」だった。しかも一四年間のブランクがある状態で、それでも「やってみよう」と考えるのがシャネルのすごいところですよね。

しかし、第一回のコレクションはパリのモード界からは黙殺され、冷笑されます。戦後を迎えて華やぐパリの空気に、昔と変わらないシャネル・ファッション――黒っぽく派手なところのないスーツ、タイトでもフレアーでもないスカートといった「夢のない」デザインはなじまなかったんですね。

その後の一年間は、おそらくシャネルの人生でもっとも辛い日々だったと思います。けれど、そこでシャネルを支持したのがアメリカでした。アメリカでのシャネル人気は、戦後も不動。コレクションの数か月後、高級紙『ライフ』がシャネルの特集を組んで「シャネル・ルック」を紹介し、売上げは伸び始めます。

そうなれば、フランスのモード界も認めざるを得なくなります。ファッション誌『ＥＬＬＥ』がシャネルの特集を組み、シャネルは再び、パリモード界で大きな地位を占めるようになっていきました。

このカムバックがなければ、シャネルは忘れ去られていたでしょう。この時期があったからこそ、シャネルは永遠に名前を残した。伝説の人物になったのです。

「モード、それは私だ」

シャネルがパリで亡くなったのは八十七歳のとき。亡くなったのは店が休みの日曜日だったけれど、その前日まで働き続けていた。本当にワーカホリックな人で、店が休みの日は退屈だと言っていたそうです。孤独だったのですね。仕事だけが孤独を忘れさせてくれた。

死ぬ前年、シャネルが八十五歳のときに受けたインタビュー映像があります。シャネルはメディア嫌いだったけれど、たまたま気に入ったディレクターがいて、珍しくテレビに出演したんですね。

その中に、こんなやりとりがあります。

キャスター「あなたは革命をショートカットから始めました。当時は髪の長さが女らしさの象徴だったが、あなたは髪を切らせた……」

シャネル「切らせたんじゃない。自分で切ったのよ。同じじゃないわよ」

シャネルは頑固で、相手の言うことをあまり聞かない。相手が言い終えないうちに反論する。そしてこう言うのです。

「ショートカットが流行ったんじゃないわ。私が流行ったのよ」

よく言うよ、という台詞です。だが、シャネルにはそう言うに値する実績があった。「私が流行ったのだ」というこの言葉を、直訳してみるともっと激しさとシャネルらしさが出ます。

「モード、それは私だ」

世にデザイナーは山といるが、こんな台詞を言えるのはシャネル以外にいないでしょう。十七世紀、フランスのルイ十四世が「国家とは何か」を聞かれて「朕は国家なり」と言ったけれど、次にそれに匹敵する台詞を言ったのはシャネルです。

今、シャネルでバッグを買うと添えられてくるカードには、こんな言葉が書かれています。

「ひとりの女、一つの名、一つの伝説」

まさしくシャネルの定番になっています。無から出発して、自分を伝説にして、それを自分のブランドの根拠にした。今後も、二度とこんな人は出てこないでしょう。それだけに、シャネルの人生から学べることは非常に多いと思う。今日お話ししたことの中に、何か皆さんの中に響くことがあれば嬉しいです。

（二〇一二・四）

シャネルは海の香り

海辺に立って潮風に吹かれる。そのとき私はココ・シャネルのことを思い出す。そう、シャネル・ファッションには潮の匂いがする——そんなことを言っても、現在の高級ブランド《シャネル》のイメージと海とはまるで遠くへだたっているから、きっと驚く人のほうが多いことだろう。たしかに現在デパートの高級売り場などでお目にかかるシャネル・ファッションにはシティの香りこそすれ、およそ海の香りなどとはほど遠い。

けれども、シャネルというとまず私が思い出すのは海辺の光景である。

私の前に一枚の写真がある。北フランスの海、ノルマンディーの砂浜がどこまでも続くなか、ひとり佇んで海を見ている女、それが若き日のココ・シャネルである。そのシャネルはいかにも着やすそうなカーディガンをはおっている。もちろんそのスタイルは、シャネルが自分自身でデザインしたリゾート着。そう、もともとココ・シャネルはリゾート・ファッションの生みの親なのである。彼女が初めてのブティックを出したのは、そのノルマンディーのリゾート地ドーヴィルだった。シャネルのデザインしたリゾート・ファッションはたちまち人気を呼び、翌々年には南の海ビアリッツに第二のシャネル・ブチックがオープンする。

去年の春、何年ぶりかにそのビアリッツを訪れる機会があった。シーズン・オフの砂浜には人影も少なく、時おり犬を連れた散歩客が浜を横切ってゆくばかり。曇空の下、灰色に拡がる三月の海は荒涼として、西海岸に特有の荒い波音がホテルの部屋まで届いてくる。ひとりその波音を聞きながら、私はシャネルのことを思い出していた。この荒い波の「強さ」がシャネル・ファッションの生誕の秘密なのだ、と。

シャネルは十九世紀の女たちがお仕着せのようにまとっていた華美なドレスを一掃してシンプルなスタイルをつくりだしたモード界の革命児である。それまで「おしゃれ」と言えば、頭から裾まで花や刺繍で飾りたてた「人形の美」のことだった。華美豪華なそのドレスの下のからだはもちろんコルセットで締めつけられている。身動きひとつもままにならない窮屈さである。それまでヨーロッパの貴婦人たちは、浜辺を散歩するにもドレスにパラソルに手袋という重武装（?）だったのである。

シャネルはこの重武装の《豪華な美》にノン！　をつきつけた。動きやすさと活動性、そしてなによりも実用性――それがシャネルのつくりだしたシンプル・ファッションだった。そのとき彼女にインスピレーションをあたえたのが、ほかでもない《海》の仕事着だったのである。海の仕事着というのは、セーターのことだ。もともとセーターは船で働く男たちが潮と寒さに強い仕事着として身につけていたもので、もちろん彼らは自分たちの手でその仕事着を編んでいたのである。シャネルはこのセーターに眼をつけた。それまでおよそ「おしゃれ」とは縁のなかったニットをモードにし、それをリゾート着にすることを考えだしたのである。動きやすく活動的なそのスタイルはたちまち女たちの心をとらえ、以来、セーターはリゾート着であるばかりか、スポーツ・ルックとなり普段着となり、やがてはシティ・ファッションにまでなってゆく。

だから現在の私たちが何げなくセーターでおしゃれができるのはシャネルのおかげなのであり、そして、もとをたどれば《海》のおかげということになる。改めてシャネルは何というすごい女なんだろう――たまたまセーターを着てビアリッツのホテルの窓から灰色の海を見ていた私は、思わずそんな感慨にふけっていた。

海にはリゾート着がよく似合う。夏には麻や木綿、そして、冬の海にはセーターが。港歩きにスーツ姿だなんて、考えただけでも嘘っぽい。海には海のおしゃれがある――海辺でそう思いながら、そんなおしゃれ気分を楽しむにはもうひとつ、海辺を歩く「ひと」だけでなく、海それじたいもまた「おしゃれ」だからだと、ふと改めて気がついた。

実際、フランスのリゾート地を訪れてしみじみ思うのは浜辺や港がおしゃれということだ。海をバックに、広い遊歩道があり、カフェ・テラスがあり、思わず肘をついて見とれたくなるようなスポットに白いベンチが置いてある。そこをぶらぶら散歩する人びとは、互いに互いのおしゃれを鑑賞しあう。すてきなカップルがいたり、はっと振り返ってみたいようなカッコイイ男や女がいたり。それを楽しむ「眼の快楽」もまた、海辺の快楽のひとつなのである。

ドーヴィルのようにとは言わないまでも、名古屋港にもそんなおしゃれ気分を望みたい。そこを歩きながら、思わず誰かすてきなデザイナーのことを思いだすような……。

（一九九四・一）

ゴージャスからリュクスへ――シャネルのラグジュアリー革命

女性誌をひらくと、「リュクス」という言葉がおどっている。リュクスな装い、リュクスなホテル、リュクスな旅……誌面は何かとラグジュアリー特集が多い。

八〇年代のあのバブル時代を思いだす。あのころ女性誌を飾っていたのは「ゴージャス」という言葉だった。アクセサリーから洋服まで、ゴールドのファッションがはやり、金ぴかファッションがもてはやされていた。それから二〇年あまり。ラグジュアリーは装いをかえて、「リュクス」に面《おも》変わりしたように見える。ゴージャスではなくてリュクス――二つの言葉の差にあるのはどんな感性の変容なのだろう。

うかんでくるのは「成熟」ということである。ゴージャスという語が発散するあからさまな成金感覚は、あられもなくて、恥ずかしい。いま時代が求めているものは、もっと洗練された、大人の贅沢《ぜいたく》なのである。バブル景気の底浅さを経験したわたしたちは、浮かれ騒ぎに終わらない、落ち着いた贅沢を求めている。

ところが、そんな時代感覚に逆行するよう見えるのが、かのヒルズ族である。下流社会という語が話題になる一方で、「勝ち組」を自負するヒルズ族の成金ぶりが世間を騒がせたのはいまだ記憶に新しい。自家用ジェット機を買ったかと思えば、次は宇宙旅行。何億もする買い物はひとしきりメディアをにぎわした。

ヒルズ族のそんな消費ぶりは、とうの昔に流行遅れになった八〇年代のゴージャス・ブームの再来かと思ってしまう。かれらの「みせびらかし消費」の臆面《おくめん》もなさは、見ている方が恥ずかしい。しかも、滑稽なのは、どうやらかれらが自分たちの消費を「贅沢」だと勘違いしているらしいことだ。女性誌でさえ成金消費の恥ずかしさに気がついて、ゴージャスもデラックスも死語にしてしまったのに。

ふんぷんたるお金の匂《にお》いをさせない大人の贅沢といえば、真っ先に思いだすのがモードの革命児、ココ・シャネルである。シャネルがやってのけたファッション革命は、金目の贅沢を「隠す」ことだったからだ。彼女はそれまでファッション・シーンに使われたこともなかったジャージーという粗末な素材をあえて表地に使い、高価な毛皮を裏にはって、表から見えないようにした。シャネルに言わせれば、レースや毛皮といった豪華な素材は持ち主の金や地位をひけらかすための成金消費にほかならない。

シャネルこそは「ゴージャス」を時代遅れにした初のデザイナーである。シャネルの登場によって、みすぼらしいと思われてきた生地は「おしゃれ」になり、豪華と思われてきた素材は「流行遅れ」になってしまった。そうすることで、シャネルはより奥の深い洗練された贅沢を創造したのである。

彼女のそんなエスプリが最もよく発揮されたのは、イミテーション・ジュエリーの創造だろう。それまでジュエリーといえば一部特権階級の富の記号であり、ダイヤはその美しさによってではなく、カラットによって価値が計られた。けれども、そんな「金目の宝石」こそシャネルのもっとも唾棄《だき》するものだった。当時の金持ちマダムのジュエリーを、彼女は毒ある言葉でこう評している。「首のまわりに小切手をぶら下げるなんて、シックじゃないわ」。

「金目のもの」はシックじゃない。そんなものはエレガンスからほど遠い——そういうシャネルにとって、贅沢とはいったいどのようなものだったのだろうか。

あるところで、シャネルはこんな印象的な言葉を残している。「私の考える贅沢、たとえばそれは、歳月に磨かれた家具」。

つるピカの新品ではなく、「歳月に磨かれて」、歴史の重みをたたえたもの。それこそ真のラグジュアリーなのである。実際、シャネルは何十年も着られるようなスーツを愛したものだ。亡くなった後、ワードローブに残っていたのは愛用のスーツ二着きりだったというのは有名な話である。札びらの匂いがふんぷんとするようなものほど贅沢から遠いものはない。新品は、歳月に磨かれ、金の匂いをぬぐいさられてこそ贅沢品のオーラを放つ……。

ゴージャスではなく、リュクスを求め、大人の贅沢を考えはじめた現代、シャネルのラグジュアリー観は大きなヒントをあたえてくれるのではないだろうか。

（二〇〇六・一一・一九）

シャネル・ブームをよむ――共感誘う逆転の思考

シャネル・ブームの観がある。今夏から来年まで、舞台が二本、映画が三本とたて続く。若い頃の恋愛劇から七十歳でのカムバックまで、どれもシャネルの人生にスポットをあてたものだ。ラグジュアリー・ブランドとしてのシャネルよりも、ココ・シャネルというひとりの「はたらく女」の生き方がわたしたちに近しいものになったからだろう。

数十年前まで、女性起業家はもちろんのこと、世界のトップをゆくキャリアの女はまだ遠い存在だった。だが今はちがう。生涯シングルで働き続けたココのライフスタイルは、華やかな世界的成功こそなお遠くはあれ、現代のキャリアの女たちと地続きなのだ。その親近感が、わたしたちとシャネルをつなぐ。

七十歳でのカムバックという「奇跡の偉業」も、現代ならありうる事として考えられる時代である。シャネルに学べるところまで、女性の社会進出が進んだのだ。しかも、学べるのは華やかな「成功」だけではない。そのきらびやかな成功のかげにあった孤独な忍耐と労働の日々。恋と仕事の両立の難しさ――むしろこの影の部分こそ、はたらく女たちの共感を呼びおこすものではないだろうか。

実際、シャネルの生涯には沈黙につつまれた影の歳月が多い。一つは、カムバック前にスイスなどで過ごした一五年間。第二次大戦中に美貌《びぼう》のドイツ将校と恋におちたココは戦後国外に逃れざるをえなかった。この空白の歳月は今も謎のままに残されているが、シャネルには、それよりなお暗い秘密に閉ざされた過去がある。父親に捨てられた少女は、十二歳から十七歳までの多感な青春期を孤児として修道院で過ごしたのだ。シャネルはその過去を決してひとに明かさず、生涯隠し続けた。きらびやかな成功の始めには、誰にもいえない孤独と貧困があったのだ。

昨年、渡仏の折にその修道院を訪れた。フランス中部の山里オバジーヌに建つ修道院にあるのは、ただ静寂と土の色のみ。厳しい禁欲をもって知られるシトー修道会は、聖堂の建築にも「装飾」と「色」を禁じた。その修道院の色のないステンドグラスを見たとき、シャネル・モードの原点にふれた感動がからだを走り抜けた。まさにそれこそ、シャネルの「黒」「白」の原点だった。黒は修道会の制服でもある。シャネルが後にキャリアの「制服」であるスーツを創案するのも、この暗い青春期のネガをポジに変えた「逆転の思考」のたまもの以外の何ものでもない。

そう、逆転の思考。それこそ、この稀代《きだい》の起業家の人生をつらぬく一本の糸である。強いられて着せられた「黒」を、モダン都市のおしゃれな色にして、美々しい色を流行遅れにしてしまう。装飾禁止を逆手に取って、「シンプル」をモードにする——。シャネルのモード革命はほとんどすべてがこうした逆転の思想から来ている。貧しさこそが新しい「ラグジュアリー」の原点なのだ。

ドラマチックな明と暗に彩られたシャネルの生涯は、成功の陰にある華やかならざるものの価値を教えてくれる。カムバック前の不遇の時代、親しい作家にむかってシャネルは語っている。「人生がわかるのは逆境の時よ」と。

そう、この大不況の今こそ、新しい何かを創造するチャンスではないのだろうか。シャネルの人生は、暗い時代の希望の在りかをわたしたちに教えている。

（二〇〇九・六・二五）

映画『ココ・シャネル』に寄せて――女ひとり素手で闘った

華やかな「モードの女王」シャネル。けれどもシャネルには知られざる「暗い時代」があった。映画『ココ・シャネル』は、その実像に迫ってゆく。

父に棄《す》てられた少女ココは、孤児として修道院で思春期を送る。無から出発した稀代《きだい》の女性起業家の人生の始まりの「みじめさ」がリアルである。

若きココは、しかし美しい。裕福な男二人が彼女の愛を奪いあう。その一人、ボーイ・カペルこそ「シャネルが愛したただ一人の男」だった。だがそのカペルさえ、身分違いの娘とは結婚しようとはしない。孤児のココは「結婚してもらえない女」だったのである。

それから半世紀、ココはそれまでにない、シャネル・モードを築いてゆく。彼女が創造したのは「はたらく女」のためのモードだった。動きの楽なジャージー、シンプルな帽子、丈の短めの歩きやすいスカート――シャネルは誰より早いキャリアの女として、キャリアのための装いをつくりだしたのである。

映画はいろんなシーンにこのシャネル・モードのアイコンをちりばめている。まず印象的なのは「セーター」だ。海で働く男の仕事着だったニットをモードにしたのはシャネルである。セーター、ボタン、ジャケット、パンツ、そしてバッグで有名なあの金のチェーンにいたるまで、「メンズライク」こそ彼女のスタイルの原点だった。メンズの方が機能的で働きやすくできているからである。リゾート地ドーヴィルを舞台に、従姉《いとこ》と二人して、貴婦人たちの装飾過剰ファッションを尻目に、ジャージー・スタイルでさっそうと闊歩《かっぽ》するシーンは、モード革命の現場に立ち会っているかのようだ。女たちは「着心地の良さ」に目覚め、コルセットを脱ぎ捨て、自由な女のスタイルを身につけてゆく。ココは、結婚してもらえない女から「結婚しない女」のトップランナーになったのである。

モード革命のエポックを画した伝説のドレス、「リトル・ブラック・ドレス」も登場する。一九二六年のアメリカ版『ヴォーグ』に載ったシャネルのデビュー作だ。同誌の記者はこう書いた。「これはシャネルという名のフォードだ」と。フォードは大衆車の創始者、アメリカの豊かさのシンボルだ。フォードとともに大量生産・大量消費の二十世紀が始まる。同じように、シャネルとともに二十世紀の女のスタイルが始まる。シンプルな黒は、モダン都市のストリートにふさわしい「マス」の色だ。マスの一人に生まれたシャネルは、マスに似合う服を世界中に流行らせたのである。

シンプルな「リトル・ブラック・ドレス」は、コピーされやすい。しかし、シャネルは自分のデザインのコピーを禁止するどころか、むしろ歓迎さえした。真似《まね》されることは愛されること。偽物は本物を価値化する——この真実を、百年早く見ぬいて実践したビジネスセンスは、やはり天才的としか言いようがない。

それをもっともドラマチックに表すのが、模造のパールである。

シャネルが否定したのは「本物」の宝石だった。そうした「金目の」宝石は、夫や愛人の男の財力を表すものだからだ。自分で働く女に、そんなお飾りなど必要ない。「首の周りに小切手をはりつけるなんてシックじゃないわ」。そう言い放ったシャネルはイミテーション・パールをじゃらじゃらつけて本物を愚弄《ぐろう》した。

金の力を否定して、「貧しさ」をラグジュアリーに変えた革命児のカッコよさ。けれども、そのモード革命は、貧しく生まれ、学歴も資力もないまま、ひとり素手で運命をきりひらいた孤独な女の闘いの軌跡でもある。暗い時代こそ「チェンジ」のチャンスを秘めた時代なのだ。

シャネルの人生を描く映画や舞台が立て続けに公開される今年、華やかな成功のかげにあるパラドキシカルな真実に熱いまなざしをそそぎたい。

（二〇〇九・七・三一）

「モード、それは私だ」——永遠のシャネル

シャネルとアメリカ

四〇年前、ニューヨークを沸かせた伝説のミュージカル『COCO』。そのときシャネルは一五年間の沈黙の後にカンボン通りにカムバックを果たし、「モードの女王」の座をゆるぎないものにしていた。

パリが「時代遅れ」と酷評したシャネルのカムバック・コレクションを支持し、以前と変わらぬオマージュをささげて成功させたのはアメリカである。貴族の伝統をもたず、「マス」の国であるアメリカは、貴族的ファッションを一掃してモダン・スタイルをたちあげた起業家シャネルが大好きなのだ。モダンな国はモダンなスタイルが好き。香水ナンバー5がいちばん売れたのもアメリカである。起業家シャネルは悪びれず言い放つ。「わたしはアメリカが好きよ。わたしはあそこで財を築いた」。

シャネルとアメリカが仲良しなのは、「似たものどうし」だからだ。そう、ココ・シャネルは無から始めて成功の階段を駆け上り、華やかな栄冠を手にした「アメリカン・ドリーム」の体現者である。ブロードウェイ上演は、アメリカン・ドリームの祝祭でもあったのだ。

モード革命

けれども、そのきらびやかな成功の陰には、どれほどの忍耐と日々の「労働」があったことだろう。シャネルの人生には謎につつまれた秘密の部分が多い。なかでも最大の秘密は、十二歳から十七歳まで、多感な思春期を修道院の運営する孤児院で過ごしたことだ。ココは自分がどこからきたか、過去を決してひとに明かさなかった。

とはいえ、その沈黙の思春期こそ、シャネルの「黒」の秘密なのである。無駄な装飾を排したシンプルなデザインも、黒と白というモノトーンも、みな修道院の簡素な建物と修道女の制服からきている。

だが、シャネルのそのシンプルなデザインは、一五年間のブランクの間に忘れられて、過去のものになろうとしていた。シャネルがカムバックを決意した一九五〇年代はディオールの全盛期、ウエストを締めつけて旧来の「女らしさ」を強調し、華やかな色を使った「アンチ・シャネル」ファッションがパリをにぎわしていた。

けれどシャネルはそんな時の流行に決して媚びようとはしない。シャネルにとってモードとはなにより機能的なもの、実用的なものでなければならないからだ。もはや女は男の「飾りもの」ではないからである。みずからキャリアのトップランナーであったココは、「はたらく女」のための装いの創始者なのである。劇中、ココがノエルにむかって「なぜあなたがズボンをはけるかわかる？　わたしがズボンをはいたからよ」というシーンがある。まさにシャネルは、それまで決してありえなかったメンズライクなスタイルを創始し、みずから身につけて流行らせたモードの革命児である。

きちんと手の入るポケット、とめることのできるボタン、そしてあのショルダーバッグにいたるまで、シャネルにとってモードはメンズのような機能性をそなえたものでなくてはならなかった。同じことが、色についてもいえる。それまで喪服にしか使われなかった黒を、ココはモダンなおしゃれにした。貴婦人たちの身をかざる美々しいカラーが特権階級の装いだとすれば、黒はモダン都市を行き交う「マス」の色だ。みずからマスの一人に生まれ、マスを愛したココは、ストリート・ファッションの創始者なのである。

皆殺しの天使

そう、二十世紀の女たちはもはや「家の中の女」ではない。女たちはしだいに職場進出をはたし、はたらく女の数は日増しに増えてゆく。ココは二十世紀の女の歴史の波頭を切ったトップランナーである。

新しい社会のために、わたしは仕事をしてきた。それまで人びとは、何もすることがなくて暇のある女たちや、メイドに靴下をはかせてもらうような女たちのために服を作っていたわ。だけどわたしの客になった女たちは活動的な人たちだった。活動的な女には着心地の良い服が必要なのよ。袖をまくりあげられるようじゃなきゃダメ。

言葉どおり、まさにシャネルは、「メイドに靴下をはかせてもらうような」貴婦人たちの美々しい衣装を時代遅れにして一掃した「皆殺しの天使」である。彼女のそのモード革命をもっとも端的に語るのはイミテーション・ジュエリーの創造だろう。「本物の宝石」で着飾った貴婦人たちを標的に、シャネルは言い放ったものだ。「首のまわりに小切手をぶらさげるなんて、シックじゃないわ」と。そうして彼女は、「本物」を愚弄するかのように、偽物と本物のパールを取り交ぜてじゃらじゃらと何連もかけた。「わたしがつけるとみな偽物に見えるでしょ」。くわえタバコでそんな言葉をうそぶきながら。

きらびやかな恋人たち

一九二〇年代、ココ・シャネルは、そのライフスタイルまるごと、世界中が憧れる「伝説の女」だった。きらびやかなセレブたちが彼女を取り巻いていた。パリのアート界を刷新したジャン・コクトー、最後まで友人だったピカソ、バレエ・リュスでパリ中を熱狂させたディアギレフ、ロシアから亡命してきた作曲家ストラヴィンスキー……。

起業家シャネルは、恋多き女だった。ロシアの若き亡命貴族ドミトリイ公爵、ストラヴィンスキー、神秘的な詩人ルヴェルディ、そして、十年にわたる恋人であった、イギリスのウェストミンスター公爵。公爵の結婚のプロポーズをうけたココは、はじめて真剣に結婚を考えた。イギリス一金持ちの公爵夫人の座と、デザイナーの仕事と、どちらをとるか――結局、仕事を選んだココのせりふは、真偽はともかく、伝説となって今も流布している。「ウェストミンスター公爵夫人は三人いるけど、ココ・シャネルは一人しかいない」

そうしてココは公爵夫人の座より「仕事」を選んだ。シングルで働きつづける生活――現在ようやく女のライフスタイルの一つとして定着しつつある生き方を、シャネルは百年早く生きた、「はたらく女」の先達なのである。

はたらく女

だが、第二次大戦終結とともに、ココは長い冬の時代を送らねばならなかった。大戦中、美貌のドイツ将校と恋仲になったのだ。ナチに協力したとの噂も流れた。スイスへの隠棲は事実上の亡命であった。それからの一五年間、シャネルがどこでどう暮らしていたのか、これまた秘密に閉ざされた謎の時代である。だが、モードの世界で一五年間のブランクはいわば死刑宣告にもひとしい。ときにシャネル七十歳。

いつも一人で人生を拓いてきたシャネルは、ここでも最後の大勝負にうってでる。勝つか負けるか、たった一人の孤独な闘い。壮絶なまでに孤独な……。パリのモード界は、「老いぼれ」デザイナーの復帰をひややかに見ていた。だがココには前進するしか道はない。旧来の「女らしさ」に舞い戻ったパリ・ファッションをそのままにしておけば、自分の成し遂げたモード革命は無に帰してしまう。シャネルは自分の創造したスタイルを「永遠」のものにするために戻ってきたのだ。だから復帰後のコレクションはすべてもとのシャネル・スタイルそのままだった。無駄な装飾はいっさい要らない。働きやすく、機能的で、しかもエレガントなスーツ。

「古くさい」というパリ・モード界の冷ややかな評価を、アメリカのバイヤーたちが覆す。キャリア・ウーマンの先進国アメリカは、シャネルを愛しつづけたのである。『ライフ』誌がシャネルのカムバックを偉業としてたたえ、称賛は称賛を呼び、パリ・モード界もシャネルの勝利を認めざるをえなかった。

それから一七年間、八十七歳で世を去る前日まで、ココは誇りたかく、孤独のなかではたらき続けた。ホテル・リッツの彼女の部屋は、修道院の独房のように、白い壁にかこまれた簡素な部屋。仕事のない日曜日、シャネルはそこでひとり死をむかえた。シャネル帝国を永遠のものとして――。

孤独な闘いの代償に、ココ・シャネルの名は永遠の伝説となった。死の二年前、シャネルの名をゆるがぬものにした彼女は、あるテレビ番組のインタビューで、こう語っている。「あなたが髪を切ると、みながショートカットにして、流行になりました」。するとシャネルは即座に言い返すのだ、「ショートカットが流行したのじゃないわ、流行したのは、私だったのよ」。

モード、それは私だ――シャネル以外の誰がこんなせりふを言えるだろう。

けれども、くりかえし言うように、その神話的な成功は、一人の「はたらく女」の半世紀におよぶひたむきな仕事の結実なのである。華やかなブランドのオーラに目を奪われてはならない。私たち二十一世紀の「はたらく女」は、みなシャネルの娘たちなのだ。

（二〇〇九・七）

タイタニックからシャネルまで——二十世紀パリの余白に

タイタニックから

「狂乱の日々《レザネ・フォール》」と呼ばれた二〇年代のパリ。あけそめたモダンエイジにジャズが流れ、断髪《ボブ》に短いスカートの女たちが街を歩いてゆく。モンパルナスのカフェは大勢の観光客であふれ、たちこめる紫煙のなか、国籍もさまざまな芸術家たちがたむろする——よく知られている二〇年代パリの風景だが、フラッシュバックするように、一〇年ほどフィルムを巻きもどしてみよう。外国人であふれる「狂乱の日々」のパリをちがった角度からとらえかえすために。

すると、わたしたちの眼には大西洋を進んでゆく一隻の豪華客船が浮かんでくる。そう、タイタニック号だ。サウサンプトンを出航したタイタニック号がハリファクス沖に沈没したのは一九一二年。その名高い悲劇は、二十世紀初頭が豪華客船の黄金時代だったことを想起させる。当時、ニューヨークとヨーロッパを結ぶ大西洋航路は、十九世紀の海の覇者イギリスと、新興アメリカの船舶会社が競って大型客船を開発していた。新大陸をめざす移民たちの増加にくわえ、アメリカ人のヨーロッパ旅行の時代が到来していたのである。

メガヒットになった映画『タイタニック』はこうした二十世紀初頭の欧米関係を描いていて興味深い。何よりまず、主役の恋人たちの設定が雄弁である。ヒロインのローズは一等客室に乗る富豪のアメリカ人のひとり。他の一等船客たちと同じように、彼女もヨーロッパ遊学を終えて帰国の途にある。一方、三等船客のジャックは文無しの貧乏画家。パリで絵の修行を終えてアメリカへ帰るところだ。貧乏を苦にするでなく、その日暮らしの陽気さにあふれたジャックは若きボヘミアン芸術家を絵に描いたようである。もちろん、そのボヘミアン・ライフの舞台はパリ。一九一〇年代のパリはすでに多くの外国人芸術家を集めていた。タイタニックの三等船客は、圧倒的多数がアメリカン・ドリームを夢見て新天地に渡る移民たちだが、なかにはジャックのような貧乏芸術家がいたとしても少しもおかしくない。そう、ジャックが「エコール・ド・パリ」の芸術家の卵だったと想像してみるのも楽しいことだ。この頃すでにパリは芸術の都という神話に輝いていたからである。上流階級の生き方に反撥するローズは、ジャックをとおしてパリの自由のオーラを感じていたのではないだろうか。

実際、当時のアメリカの上流階級にとってパリは文化の香り漂う憧れの地だった。ローズもパリに遊学したと思われる何より雄弁な証拠は、彼女が船にもちこんだ絵である。いかにも一等船客の金持ちらしく、車から洋服から装身具にいたるまで身の回り品のすべてをたずさえた彼女が船室に飾らせる絵は、ドガの《踊り子》。取り出してジャックに見せる絵のなかにはモネの《睡蓮》も入っている。当時はドガもモネもすでに名声を確立していたから、ずいぶん高価な買物だったはずだ。鉄鋼王の息子との結婚を強いられるほど没落していながらこの贅沢なのだから、アメリカの豊かさのほどがうかがわれよう。さらにそこには、一枚だけピカソの絵も登場する。その絵を見ながら、「何だか夢の中にいるような気がしてくるわ」とローズは言う。いまだ評価の定まらない新進画家という設定だが、そうして映画はアメリカ人がパリの画家の絵を買っていた当時の文化状況をさりげなく描きこんでいるのである。

そういえば、沈みゆくタイタニックの一等船客のなかにはグッゲンハイム氏もいる。いかにも紳士らしく、礼装で最後の時をむかえるこの実業家は、ほかでもない「グッゲンハイム美術館」の創立者として有名なあのソロモン・グッゲンハイムの弟である。一族にはコレクターの血が流れていたというべきか、タイタニックの沈没によって父の遺産をついだ娘のペギー・グッゲンハイムもまたパリに渡って現代アートのコレクションを始め、ゆくゆくは美術館を開くことになる。アメリカはヨーロッパ美術の大いなるパトロンであったのだ。もしも沈没の悲運がなかったら、さぞかしタイタニックは幾多のコレクターをパリに運んだにちがいない。そういえば、バーンズ・コレクションで知られるあのアルバート・バーンズがルノワールやセザンヌの絵を買い求めに幾度かパリに渡ったのもほぼこの頃のことである。

そう、二十世紀は〝アメリカの世紀〟なのだ。前世紀のポンドに代わって、今やドルが世界市場を制覇してゆく。『タイタニック』は新興勢力アメリカの経済力とパリのアートが微妙にクロスする世界を描いているといってもよい。大西洋航路はパリで描かれた作品をアメリカに運び、代わりに「アメリカ人」と「ドル」をパリに運んでいったのだ。実のところ、こうした交流はすでに十九世紀末から始まっていた。というのも、世紀末は「爵位と金の結婚」が始まった時代でもあったからである。たとえば、ミシン王シンガーの令嬢とエドモン・ド・ポリニャック公爵との結婚は名高い。公爵がはじめてウィナレッタ・シンガーの名を知ったのは、ぜひ欲しかったマネの絵を競売で彼女に競り落とされたのがきっかけだといわれているが、それを縁にやがてポリニャック公爵夫人となったウィナレッタは、エリック・サティやラヴェルなど、新進の音楽家たちのパトロンとなって二〇年代のパリ文化史にその名をとどめてゆく。

アメリカの勃興とともに世界は狭くなったのである。海路、陸路を問わず、交通の発展とともに世界旅行がブームとなった新世紀、パリはさまざまな国籍の芸術家たちが集う多国籍都市であった。パリはさまざまな国のジャックたちを集めたのである。

スラブの誘惑

けれども、その芸術の都パリについてみる前に、もうひとつ、映画『タイタニック』には眼を見張らせるものがある。一等室のレディたちが着ている豪華な衣装の数々である。それは、まぎれもなくオートクチュールの衣装だ。なにしろタイタニックの一等の船賃は一週間の旅で六〇〇万円というとほうもない額。このような富裕な上流階級こそオートクチュールの最も良き顧客であった。実際、大西洋航路を最も定期的に利用したのは、ル・アーヴル経由でパリにオートクチュールの服を買いつけに行ったアメリカのバイヤーだったのである。そのオートクチュールは、もちろんメイド・イン・パリのみ——と言いたいところだが、事態はもう少し複雑である。というのも、ローズが何度も着替えをして披露するドレスは典型的なエドワード朝ファッションだからだ。一九〇一年から一〇年間の短期間だったとはいえ、地味なヴィクトリア朝の後に来たエドワード朝はイギリス史上最も華麗なモードが花咲いた時代である。名画『マイ・フェア・レディ』の衣装がまさにこのエドワード朝ファッションだと言えば、その華麗さのほどがおわかりかと思う。

乗船の時には白のスーツに手袋、ディナーの時には広い胸あきのデコルテ、またデッキでは凝ったデザインの昼着。こうしてローズは華麗な衣装の数々で観客の眼を楽しませてくれるが、その中でひときわ印象的なシーンがある。結婚をしぶる彼女を、母親が説きふせようとするシーンである。

「それが女の運命なのよ」。そう言いながら母親は娘の着付けを手伝ってコルセットを締めている……。ローズの身を締めつけるそのコルセットは、まるで彼女が脱ぎ捨てようとする古い生き方の象徴ではないだろうか。ジャックと結ばれる彼女は、まさに因習のコルセットを脱ぎ捨てて、「自由」を選び取るのだから。その目で見れば、『タイタニック』は来るべき〝新しい女〟の夜明け前を描いているのである。

とはいえ、この一九一〇年代、すでにパリではコルセットは流行遅れになっていた。一〇年代はポール・ポワレがモードの帝王としてファッション界に君臨した時代であり、ポワレこそ「コルセット追放」の立役者だからである。水底に沈む巨船さながら、エドワード朝ファッションがコルセットもろとも歴史の彼方に沈みゆくその時、ポワレは反コルセット・モードでパリを席巻していた。回想録『時代を着せて』はこう語っている。「当時はいまだコルセットの時代だった。私はコルセットに闘いを挑んだ」。ポワレにこの闘いを決意させたもの、それは踊る肉体である。二十世紀は「舞踏する身体」とともに新しい身体感覚が目覚めた時代、その意味でボディ・コンシャスな時代にほかならない。因習に縛られていた幾多のローズたちは、新しい身体感覚とともに新しい人生に目覚めてゆくのである。

そうした身体感覚の目覚めをうながしたもの、一つにそれはロシア・バレエであった。一九一〇年、タイタニック沈没の二年前、ディアギレフ率いるロシア・バレエはオペラ座でストラヴィンスキーの『火の鳥』を上演し、パリを一大センセーションに巻きこんだ。それから三年後には『春の祭典』が幕を上げる。ポール・ポワレはこのロシア・バレエに多大なインパクトを受けた。よく言われることだが、ロシア・バレエの舞台装飾家レオン・バクストとポワレのモードの類似性は驚くほどだ。緑や赤や黄など、極彩色の色使いは明らかに彼の影響であろう。そして、ハーレム風の衣装デザインもまた。芸術家肌のポール・ポワレはロシア・バレエのオリエンタリズムに深く魅了されたのである。いわばそれは、パリが経験した「スラヴの誘惑」であった。

そういえば、奇しくもロシアはアメリカと並んで近代絵画を最も多く買い上げた国である。モネ、シスレーをはじめ、ゴーギャン、ゴッホ、セザンヌ、ピカソからマティスまで、シチューキンとモロゾフがロシアのコレクターとして名高いが、二人ともモスクワの裕福な商人の出であるのが興味深い。現代絵画を評価するのはペテルスブルグの宮廷ではなく、富豪のブルジョワジーなのである。新しい芸術は新しいパトロンとともに誕生するのだ。二十世紀、革命に揺れたロシアは、舞踏から音楽、絵画、イラストに至るまで幾多の才能をパリに送ったが、絵画のパトロンをもパリに送ったのである。

ボディ・コンシャスな肉体

しかも、ここで面白いのは、ロシア・バレエに多大な影響をあたえたダンサーがアメリカ人であったことである。彼女の名は、イサドラ・ダンカン。一九〇〇年、パリ万博の年にヨーロッパに渡ってきたこの舞踏家は、パリでも圧倒的な反響を呼んだ。裸足で踊って見る者を魅了した彼女は、いわば「肉体の栄光」を見せつけたのである。『ニューヨーカー』の記者ジャネット・フラナーは書いている、「イサドラ・ダンカンは体を締めつけることなく、裸足で、のびのびとしたスタイルで登場した最初の芸術家であった。彼女は女性が謹み深くコルセットを身につけていた時代に華麗に飛び跳ねるミネルヴァのごとく登場したのだ」。このイサドラこそ、新しい身体感覚をゆさぶり覚ました女であった。

それというのも、ポワレもまたイサドラの舞踏に熱狂した一人だったからである。先にひいたポワレの回想記には忘れがたいエピソードが記されている。イサドラのコンサートに招かれたポワレは、その日友人を亡くして悲嘆にくれているところだった。彼のために、イサドラは荘厳な追悼の舞をまう。「誰があのイサドラの舞姿を、あの奇跡を、書きあらわせただろうか。彼女はまるで大地から生まれたかのように身を起こし、奔放な動きに身をまかせた。それはまさに、人間的で、悲壮な、胸引き裂くようなものであった」。力強く躍動するイサドラの肉体は〝動〟の魅惑をまざまざと見せつけたにちがいない。こうしてみれば、生粋のパリジャンであるポワレが経験した「スラヴの誘惑」は、たんにオリエンタルな色彩に留まらず、生きた身体そのものにかかわる発見だったにちがいない。それまでのオートクチュールが構築的な美を求めてコルセットを必要としたのにたいし、ポワレは、身体が一枚の布をまとう時にできる自然なドレープを尊重した。「布をまとう」という衣装のオリエンタリズムにとって、コルセットは邪魔物でしかなかったのである。

しかもそれはたんにポワレ一人だけのことではなかった。同時代の女性デザイナー、マドレーヌ・ヴィオネもまた別の「踊る女」をモデルに、コルセットのない衣装をデザインしている。それまでのオートクチュールが自分で着ることもできない「晴れ着」であったのにたいし、ポワレやヴィオネの衣装は自分で着られる服であり、しかも「動ける」服であった。二十世紀ファッションは、まずここから出発して現代のわたしたちと地続きになっている。そういえばベルエポックはリゾートとともにスポーツが流行しはじめた時代でもある。プルーストの『失われた時を求めて』に登場する「花咲く乙女たち」は自転車に乗るスポーツ娘だ。イサドラ・ダンカンのような踊る女たちはボディ・コンシャスな新世紀の波動の先端を切ったのである。

こうして新世紀のパリを襲った〝肉体の饗宴〟のピークが、黒人ダンサーのジョゼフィン・ベーカーだろう。時まさに一九二五年、国際装飾芸術展《アール・デコ》の年。すらりとしたベーカーの褐色の肉体は衝撃力に満ちていた。シャンゼリゼ劇場の「黒人レヴュー」は圧倒的な成功を博してパリっ子の人気をさらう。その黒い肉体はパリがはじめて目にする野生の裸体だったのである。ベーカーのそのスリムな黒いボディはアール・デコの華であった。ポール・コランの描く「黒人レヴュー」のポスターはアール・デコの代表作の一つになっている。翌年、フォリー・ベルジェールの舞台にバナナの皮のほか一糸まとわず登場したベーカーは一躍時代の寵児となった。

野生の肉体は大西洋のむこう、アメリカからパリにやってくる。二十世紀はレヴューという肉体のショー形式が発明された時代でもある。衣装を脱ぎすてた全裸の肉体が舞台に現れ出たのだ。イサドラ・ダンカンからジョゼフィン・ベーカーまで、肉体の魅力ひとつで見る者の魂を奪う女たちの出現は、新しい身体の時代の始まりを告げている。スポーティでボディ・コンシャスな身体は、大西洋のむこう、アメリカからやってくるのだ。パリのオートクチュールを買いあげ、名画を買い集めた「世界の金持ち」アメリカは、かわりに生きた肉体をパリに送ったのである。

モダンガール

ジョゼフィン・ベーカーの成功は、新興アメリカの台頭と連動していた。よく知られているように、二〇年代はアメリカが空前のバブル景気に沸いた時代である。「車のある生活」が速やかに広がって、家電製品がでまわり、ラジオというメディアが日々のセンセーションをつくりだしてゆく。アメリカは現代的な消費文化を享受しはじめたのだ。「自動車とラジオと電化製品」のニュー経済が繁栄し、「燃える二〇年代《ローリング・トゥエンティズ》」と呼ばれた未曽有の好況下、アメリカは文字通り「世界の金持ち」に成り上がった。フランに対するドルの圧倒的な強さは、「一ドル紙幣一枚で一カ月分のパンが買える」と言われたほどだが、そのドル高は大勢のアメリカ人をパリに送った。いわゆる「パリのアメリカ人」の誕生である。その様子を、ヘミングウェイが記事に綴っている。「ニューヨークのグリニッジ・ヴィレッジからうたかたのような与太者たちが姿を消し、パリのグリニッジ・ヴィレッジに当たる一画、カフェ・ロトンドあたりに大挙してやって来ている。（…）ロトンドは風情を求める旅行者にとってカルチエ・ラタンきっての名所になった」。こうしてモンパルナスのカフェにエコール・ド・パリの芸術家がたむろし、終日アメリカ観光客であふれかえっていた光景は、良く知られているからこれ以上詳しく述べるまでもないだろう。

むしろわたしたちの関心は、ボディ・コンシャスな身体の「その後」である。そう、いわばあの「因習のコルセット」を脱ぎ捨てたローズたちのその後である。というのも、アメリカの消費文化はモダンガールを生みだしたからだ。F・L・アレンの名著『オンリィ・イエスタデイ』の一節をひこう。「一九二〇年代の女性は、週末になると髪を切り、簡単な小さな帽子をかぶり、ニッカーボッカーをはくフラッパーな小娘も、絹の靴下とハイヒールを手放そうとしなかった。戦後女性の理想は、豊かな成熟や、老練な知恵や、修練をつんだ優雅さではなかった。反対に、ほっそりとすると、薄い胸、短いスカート、若さを強調するロー・ウェストが理想とされた」。少女のようにほっそりした身体の賛美。そういえば、ジョゼフィン・ベーカーがパリでデビューしたのは十九歳の時である。成熟した女ではなく、少女のようにスリムな身体が時代のトレンドになったのである。こうして「若さ」が価値化されたということは、旧世代の大人たちのスタイルとライフ・スタイルが尊重されなくなったということにほかならない。つまり、モダンガールという風俗革命は旧来の道徳観に反逆する倫理革命でもあったのだ。髪を切って短いスカートをはき、赤い口紅をつけたフラッパーたちは、まさに「古いコルセット」のように旧来のしきたりを脱ぎ捨てたのである。

そして、この風俗革命は、大西洋のこちら、パリでも進行していた。たしかに世界は狭くなっていたのである。アメリカで〝フラッパー〟と呼ばれたその流行は、パリでは〝ギャルソンヌ〟と呼ばれていた。アメリカほどダイナミックな変動ではなかったにしろ、自動車が走り、スポーツがはやり、夜遊びが盛んになって、パリもまたモダンエイジの消費文化を享受しはじめたのである。断髪のギャルソンヌたちは男のようにタバコをふかし、男にまじってカクテルを飲み、しかも、男に頼らずに独りで生きてゆく……。ギャルソンヌもまた旧世代の生き方を覆すヤング・ジェネレーションの台頭だったが、パリにはこのジェネレーションをたった一人で代表する女がいた。いうまでもなく、ココ・シャネルである。ショートカットでズボンを粋にはきこなしたシャネルは典型的なモダンガールだ。シャネルとともに女のスタイルはまっすぐ現代のわたしたちにつながってゆく。シャネル自身がそう語っている。「わたしはこの新しい世紀を担う世代に属していた。だからこそ、今世紀にふさわしい服装を表現する仕事がわたしに任されていたのよ。シンプルさ、着心地の良さ、清潔さが求められていた。わたしは知らぬ間にそれを全部提供していた」。

「シンプルさ」と「着心地の良さ」。それこそシャネル・モードの基本である。なぜならシャネルが追求した女性ファッションは〝男の飾りもの〟からもっとも遠いそれだったからだ。このモダンガールが創りあげたのは、女が「働ける」装いだった。「新しい社会のためにわたしは仕事をしてきた。（…）活動的な女には着心地のいい楽な服が必要なのよ。袖をまくりあげられなくては駄目」。ポール・ポワレとともに始まったモードのモダン革命は、一九二〇年代、こうしてシャネルによって引き継がれ、そして、乗り越えられてゆく。

シャネルという名のフォード

実際、シャネルは手厳しいポワレの批判者だった。たしかにポワレは新しい身体感覚を発見した先覚者ではあったけれど、ポワレのオリエンタルな色彩はおよそシンプリシティからほど遠い。それは、「働く」という日常性からかけ離れた祝祭のドレスなのである。ポワレの衣装は、いかにもロシア・バレエからインスピレーションを得たにふさわしく、あまりに「舞踏」に似つかわしい衣装だったのである。それにくらべ、シャネルが求めたのは「仕事」にふさわしい装いだった。ポワレとシャネルのモードの差異は、いってみれば〝詩〟と〝散文〟のそれにもひとしい。シャネルは言ったものだ。「ポール・ポワレは女たちを飾りたてた。（…）そのきらびやかな衣装は美しくはあったけれど、イージーな装いでもあった。『アラビアン・ナイト』のような服装はやさしいが、黒のアフタヌーン・ドレスは、着こなすのも、作るのも難しい」。

アラビアン・ナイトのような色彩にたいするシンプルな黒——この言葉は、ポワレとシャネルの差異を何より明白に語っている。そう、シャネル・モードとは〝黒〟のモードなのだ。モダンエイジの〝大衆《マス》〟の黒……。「黒人レヴュー」の大ヒットに現れているように、一九二〇年代の美術界はアフリカの黒にも開眼したが、シャネルの黒は、エキゾチズムから遠いモダンエイジの黒だった。シャネルのこのモード革命はあまりに有名なのでさまざまな伝説が流布しているが、その一つを紹介してみよう。W・ワイザーの『一九二〇年代パリ』はこんな風に伝えている。「ある晩劇場で、舞台の上のモリエールの登場人物にも負けないくらいごてごてした衣装に身を包んだ女性の観客たちをみやりながら、ココ・シャネルはカペルの耳許でこう予言し約束した。『こんなことが続くはずがないわ。あの人たちにシンプルな服を着せてやるわ、それも黒ずくめで』」。

だが、それらの伝説にもましてシャネルのモード革命を雄弁に語っているのは、一九二六年のアメリカ版『ヴォーグ』に載った一枚の黒服だろう。そっけないほどシンプルなその服には、こんなキャプションがついていた。「これは、シャネルという名のフォードだ」と。フォードはいうまでもなくアメリカ初の大衆車。大量生産システムによって低価格を実現したフォードは、裕福な特権階級のものでしかなかった自動車を広く大衆のものにした。シャネルのシンプルな黒のドレスは、色といいシンプルさといい、まさに大衆車フォードにたとえられるにふさわしい。実際、シャネル自身もこう語っている。「わたしの作った黒のドレスは、白い襟とカフスをつけると、毎日のパンのように飛ぶように売れた。誰もがそれを着た。女優も、社交界の女性も、そして小間使いまで」。誤解がないよう大急ぎで言いそえておかねばならないが、むろんシャネルのドレスはオートクチュールだから、一着が何百万円もする。それを買えるのは豪華客船なら一等船客のレディたちだけだ。女優や社交界の女性はともかく、「小間使い」に買えるわけがない。にもかかわらず、「毎日のパンのように売れた」というのは、もちろん、コピー商品の既製服が大量に売れたという意味である。シャネルのシンプルな黒のドレスは初めからコピーしやすいように計算されたデザインだったといってもいい。ポワレをはじめ他のオートクチュールのメンバーがデザインのコピーに断固反対していた当時、ひとりシャネルだけは公然とコピーが流通するのを許していた。だからこそシャネル・モードは大衆車フォードにたとえられるにふさわしいのだ。モードは広く大衆に伝播してこそモードであり、偽物が氾濫してこそ本物の価値はせりあがる。シャネルは流行という現象の本質をよくわきまえた卓抜な商人であったのだ。

実際、シャネルは卓抜なビジネスセンスをそなえていた。この点でもシャネルはポワレと対照的である。ディレッタントのポワレが浪費癖で何度も破産したのにたいし、無から身を起こしてシャネル帝国を築き上げたシャネルはどんな時にもビジネスをゆるがせにしなかった。彼女は金の力を知りぬいていたのだ。それは、二人のアメリカにたいする態度によくあらわれている。芸術家肌のポワレは、多くのパリジャンと同じように、アメリカの悪趣味とブランド好きを軽蔑していた。ジャズ全盛の二〇年代のパリにあって、ポワレの庭園パーティは決してジャズを演奏しなかったので有名である。ところがシャネルはこう言ってはばからなかった。「わたしはアメリカが好き。アメリカでわたしは財産を築いたから」。ストラヴィンスキーと恋仲になるほどスラヴの魅力も愛したシャネルだったが、アメリカという巨大な市場の重要性をよく理解していたのである。

ココとキキ

金の力をよくわきまえた実業家シャネルは、モダンアートの良きパトロンヌでもあった。ディアギレフをはじめ、ストラヴィンスキー、コクトー、ラディゲ、画家のポール・イリブ、そして生涯の友人ピカソまで、シャネルが援助した芸術家の数は十指にあまる。いや、特筆すべきは数というよりもむしろその援助のしかただろう。というのもシャネルは、サロンを開いて芸術家をひきたてるフランス文化の伝統を継いだというより、富豪のアメリカ女性たちのそれに似たやり方で芸術家たちを援助したからである。ガートルード・スタインはじめ、この二〇年代、パリで芸術のパトロンヌとなったアメリカ女性の存在はつとに名高い。スタインは、マティスやブラック、ピカソなどの現代アートをいち早く評価して作品を買いあげ、ヘミングウェイやエズラ・パウンドなど、英米系の作家たちを物心両面で支えた。モンパルナスに構えた彼女のサロンはかれらの拠点にもひとしかった。同じ左岸で、シルヴィア・ビーチもシェイクスピア書店を構え、ジョイスの『ユリシーズ』

を出版する。左岸にはまた、レスボスの女王ナタリー・バーニーがサロンを開き、右岸ではあのシンガーの娘ポリニャック公爵夫人がエリック・サティはじめ若き音楽家たちのパトロンヌを演じていた。

こうして思いつくまま挙げてゆくだけでも、二〇年代のアメリカの富がいかにモダンアートを養ったかがうかんでくる。ちなみに、ワイザーの『一九二〇年代パリ』はポリニャック公爵夫人についてこんなエピソードを伝えている。「血筋からいえば完璧だが、財政的に傾きはじめていたライバルのパトロンが『私の名もポリニャックにひけをとらないのに』と嘆いた時、ウィナレッタは即座に答えた――『小切手の署名欄をのぞけばね』」。アメリカの大富豪の羽振りの良さが生き生きと伝わってくるが、フランス女性で同じような羽振りの良さを示したパトロンヌといえば、シャネルをおいて他にないだろう。

それ以前の貴族的な豪華趣味を一掃して「貧乏主義」とまで呼ばれたシャネルは、それほどまでに成功した実業家だったのだ。シャネルは文字どおり二十世紀の「パリの女王」だといっても過言ではないだろう。その世界的名声は、友人ピカソのそれに勝るとも劣らない。しかも富豪のアメリカ女性たちとちがい、シャネルの成功は「無」から出発して自力で勝ち得たものだった。オーヴェルニュの寒村で貧しく生まれた彼女は、血筋も財産もなく、ただ自分の才能の力一つでパリを征服したのである。それも、決して男性に依存することなく。唯一彼女が男からうけた援助といえば、恋人のカペルが出してくれたドーヴィルの店だけだ。以後シャネルは半世紀の長きにわたり、独りでモードのモダン革命をなしとげ、最後まで成功の階段を昇りつめてゆく。

シャネルのこの生涯は、同時代のもうひとりの「女王」を想起させる。同じように無から出発して一時代を画した、あのモンパルナスのキキを。マン・レイをはじめ、フジタ、キスリングと、エコール・ド・パリの芸術家たちのモデルとなり、モンパルナスのボヘミア生活のシンボルとなって数々の伝説を残したキキはいかにも「モンパルナスの女王」の称号にふさわしい。ココとキキ――この二人の女王は、コクトーなど、同じ二〇年代の芸術家と親しかったはずなのに、何ひとつ交わりをもたなかった。金に困ったマン・レイがファッション写真の仕事の口をもらってフォーブール・サントノレ街に通った時期があったが、キキはオートクチュールにたいしてあからさまな反感を感じていたらしい。キキの評伝は、ある日マン・レイがキキを喜ばせようとして買ったランヴァンのドレスにさっさと鋏を入れて破いてしまったエピソードを伝えている。宵越しの金をもたないその日暮らしが肌にあっていたキキからすれば、オートクチュールや社交界など、てんから虫の好かないしろものだったのだろう。明日のことを考えない破滅型の暮らしぶりからすれば、いわばキキはパリ最大のフラッパーというべきなのかもしれない。

フラッパーのように奔放に、モンパルナスのセックス・シンボルとして、誰のものでもあったキキ。マン・レイの写真に映ったキキは神秘的なオーラを放ち、この世のものとも思われぬほど美しい。断髪といい濃い化粧といい、さらに、大胆なヌードといい、わたしたちに残されたキキの姿は、モダンエイジ特有の〝新しさ〟にきらめいている。その意味でキキもまたシャネルと同様まぎれもなく二十世紀の新しい女だった。けれども、芸術がとらえたキキの姿でなく、その生涯をながめるとき、わたしの胸にはふとこんな思いがよぎるのだ。はたしてキキは本当に新しい女だったのだろうか。もしやその人生は、十九世紀のモンマルトルに生きたあの〝お針娘《グリゼット》〟たちの系譜を継いでいるのではないだろうか、と。

周知のように、印象派の画家たちは美術学校のモデルを使わず、モンマルトルの遊び仲間の女たちをモデルにした。たとえばルノワール。彼の絵にたびたび描かれ、後に妻になったアリーヌはお針娘《グリゼット》だった。貧しいけれど気立てがよく、そのうえ手に職をもって男に世話はかけない娘たち……。十九世紀半ば、ミュッセの『ミミ・パンソン』に描かれて以来、お針娘《グリゼット》たちはカルチエ・ラタンの貧乏学生や画家たちのこよない遊び相手だった。そう、彼女たちは性的に「自由な女」だったのである。プルーストは言ったものだ。「女たちが街を通る、かつての女たちとはちがう、つまりそれはルノワールの女たちだからだ」と。プルーストの言うこの「新しさ」、つまりそれは家庭に縛られず、「誰のものでもある」女のことにほかならない。男の芸術家にとってはまことに都合の良い女——そう、まさにキキのように。

そうだとすれば、わたしたちがキキの肖像にモダンな斬新さを感じるのは、彼女をとらえた芸術家たちの意匠の斬新さのゆえであって、その意匠とはうらはらに、キキの生き方はむしろ意外に古いと考えてもよいのではないだろうか。エコール・ド・パリの芸術家たちに愛されて最後までボヘミアン・ライフを送り続けたキキは、二十世紀の女というより、むしろミュルジェールの『ボヘミア生活情景』以来続いてきた〝グリゼットの系譜〟の最後を飾る女王なのだ。この意味でいえば、キキはモダンガールですらない。キキのその古さは、シャネルの新しさとくらべてみればいっそうくっきりと浮かびあがる。

フランスの片田舎で、同じように貧しい身に生まれながら、シャネルは無から出発して、グリゼットどころか、三千人以上の雇用者をかかえたシャネル帝国を築きあげ、シャネル・ブランドの名を世界に鳴り響かせた。そう、いわばシャネルは、あのタイタニックで言えば、三等船客の身に生まれながら、その才能と努力によって一等船室の富豪になりあがったのだ。たくさんのジャックたちのパトロンになるほどの大富豪に。それも、決して「性」を売ることなく――。シャネルの生涯は、たんに因習のコルセットを脱ぎ捨てた以上の凄みをたたえている。彼女のその未聞の生涯は、どんな名画にも負けない力でわたしたちを感動させる。そうではないだろうか。

引用文献

W・ワイザー『祝祭と狂乱の日々――一九二〇年代のパリ』岩崎力訳、河出書房新社、一九八六年。

ジャネット・フラナー『パリ・イエスタデイ』宮脇俊文訳、白水社、一九九七年。

『現代思想』(「一九二〇年代の光と影」特集号)一九七九年六月。

F・L・アレン『オンリー・イエスタデイ』藤久ミネ訳、ちくま文庫、一九九三年。

M・ヘードリッヒ『ココ・シャネルの秘密』山中啓子訳、早川書房、一九九五年。

Paul Poiret, *En habillant l'époque*, Grasset, 1930.

Paul Morand, *L'allure de Chanel*, Hermann, 1977〔山田登世子訳『シャネル――人生を語る』中公文庫、二〇〇七年〕.

(一九九九・八)

Ⅳ　誘惑のモード

マラルメのモード雑誌『最新流行』は1874年9月から12月まで隔週発行で8号まで続いた。この図版は第2号（9月20日）の中表紙「散歩着」。

女たちのモード革命

一九一四年のモダン都市

髪は断髪《ボブ》、スカートの裾さばきもさっそうと、モダンガールが銀座をゆく。新装なった三越呉服店は、日本初のエスカレーターで客を呼び、デパートという名にふさわしい都市の商業施設を誇っている――いったいこれはいつの時代のストリート風景かというと、第一次大戦開戦の一九一四年のことなのである。日英同盟におされて参戦した日本だったが、戦禍に見舞われることもなく、むしろ平和な日常生活を享受していた時代だった。

そう、一九一四年は大正三年。日本は消費の時代をむかえつつあった。戦禍にあえぐヨーロッパをしりめに、日本の大衆はモダンライフを享受していた。上野公園で開催された東京大正博覧会が国産車を展示して、大勢の観客を動員したのは開戦の四カ月前のことである。

こうした大正の消費ムードは、同じ大正三年に竹久夢二の絵が大ヒットして、日本橋に「港屋」が開店した事実をみてもあきらかである。愁いをおびて、はかない女の美しさを描いた夢二の耽美的な絵は、およそ戦争にも憂国にもほど遠い。平和に暮らす大衆は、世界に占める日本の地位より、女の美しさの方に関心が高かった。

そういえば、北原白秋が『東京景物詩及其他』を上梓したのも大戦前年の一九一三年のこと。ヨーロッパに憧れてひたすら欧化にはげんでいた当時の東京のハイカラな雰囲気をよく伝えている。銀座を行き交う洒落た男や女たちを詩人はうたう。

さうして女がゆく、
すずしい白《しろ》のスカアト
その手《て》に持《も》つた赤皮《あかがは》の瀟洒《せうしや》な洋書《ほん》、
いつかしら汗《あせ》ばんだこころに
異国趣味《エキソチック》な五月《ぐわつ》が逝《ゆ》く……
新《あたら》しい銀座《ぎんざ》の夏《なつ》、

男もまた洒落た身なりのモダンボーイらしき遊歩者だ。

瀟洒にわかき姿かな。「秋」はカフスも新らしく
カラも真白につつましくひとりさみしく歩み来ぬ。
波うちぎはを東京の若紳士めく靴のさき。

洋装の女が手にした洋書、しゃれたカフスが秋にはえる若い男……。白秋の詩は、明治大正が「フランスかぶれ」の時代であったことをあらためて想起させる。丸善に積まれた洋書が荷風や白秋たちのヨーロッパへの憧れをそそってやまない時代であった。

シャネルのモード革命

こうして日本が大戦の惨禍をよそにフランスへの憧憬にひたっていたとき、本場フランスの戦況はどうであっただろうか。

ヨーロッパ各国をまきこんで、第二次大戦以前には「世界大戦」と呼ばれた第一次大戦は、長く苦しい戦争であった。英仏軍はドイツ軍の矢面に立って交戦したが、戦況はきびしく、死傷者の数

も多かった。ベルギーを突破して侵攻してくるドイツ軍をフランス軍がマルヌ河畔でくいとめたマルヌ会戦の後は、長期にわたる塹壕戦となって、兵士たちは疲弊をきわめた。この苦しい塹壕戦のありさまは、ドイツ兵を主人公にしたレマルクの『西部戦線異状なし』にも描かれているとおりである。

こうして男たちが戦地で戦っていたとき、女たちは銃後の守りにつくとともに、それまで男たちの職業であったポストに自分たちがつかざるをえなくなっていた。たとえばバスの運転手や車掌、あるいは鉄道勤務などのポストがそうである。時代とともに、タイピストなどのモダンな職種も増えてゆく。戦争は女性の就業率を高めたのである。

この時代状況をビジネスチャンスとしてとらえ、大成功をおさめたのがココ・シャネルであった。富裕層の遊惰な暮らしのためのきらびやかなドレスにノンを言い、働く女のためのシンプルな装いを創造したシャネルのスタイルは、時代の潜在的ニーズに応えたのである。

戦争が私に味方したのよ。

後にシャネルはみずからのモード革命をふりかえってこう語っている。

実際、きびきびと動きやすいスカート、からだを自由に動かせるジャージーという素材、ゴージャスで華美な生地や色目に代わる黒や白といったモダンなカラー、何をとってもシャネル・モードは、家の中で暮らすのではなく、キャリアをもって働く女のためにできていた。シャネルはこう語っている。

わたしは新しい社会のために働いた。それまでは、何もすることがなくて暇がある女たちや、メイドに靴下をはかせてもらうような女たちが服を仕立てさせていたわ。わたしの客になった女性たちは活動的だった。活動的な女には楽な服が必要なのよ。袖をまくれるようでなきゃ駄目。

シャネルのモード革命は、一部の富裕な特権階級のためのモードでなく、大衆《マス》のため、ストリートを行き交う女たちのためのファッションの創造であった。こうしたシャネルのカジュアルなスタイルは、第一次大戦終結とともにパリに花咲く「ギャルソンヌ・ルック」をいちはやく先導するものでもあった。ギャルソンヌとは、男の子のような女の子。男性と肩を並べて自立し、自分の意思で自分の人生を歩んでゆく「新しい女」である。大戦は、これらの新しい女たちの台頭を準備したといってよい。

大戦終結後の一九二〇年代、ギャルソンヌは街にあふれ、自由に外出して自分たちの自由を享受した。それまで良家の子女はひとりで外出することなどありえなかったのである。女はやはり「家の中の天使」であったのだ。その旧態を打ち破って、ギャルソンヌたちはストリートを闊歩した。流行りのダンス・ホールに足しげく通った。

「狂乱の時代」と呼ばれる一九二〇年代記であるモーリス・サックスの『屋根の上の牝牛の時代』をひもとくと、「今日もダンスに行った」という記述が頻出する。断髪にシガレットをくわえ、シューミーズ・ドレスを身につけたおてんば娘たちを相手に、才気ある青年たちが踊ったのだ。相手の娘たちはもはや両親の検閲をうけつけない自由な女だった。彼女たちがココ・シャネルを熱烈に支持したのはまさにココが彼女たちのひとりであったからにほかならない。そういえばシャネルはこうも語っている。「私はジャージーという素材によって女の身体を自由にしてやったのだ」と。

女たちは、その装いが表しているように活発になり、スポーティになり、何より自分の意思で自分の人生を決めようとした。自立して働くことは誇らしいことだった。

戦争によって、女は強くなったのである。シャネルはこうした時代の大転換をいち早く感じとり、それをモードに表現したのだ。

一つの世界が終わり、別の世界が生まれようとしていた。わたしはその二つの境にいあわせたのだ。チャンスがあたえられて、それをつかんだ。わたしはこの世紀と同じ年齢だった。だからこそそれを服装に表す仕事がわたしに託されたのよ。シンプルであること、着心地の良さ、清潔さなどが求められていた。わたしは知らぬ間にそのすべてを提供していた。真の成功は運命的なものね。

二十世紀は女の革命の世紀だったといってもよいだろう。その始まりは、第一次大戦だったのである。

モダンガール

女の解放は、日本でも同じ道をたどっていた。平塚らいてうの論「新しい女」が『中央公論』誌に掲載されて話題を呼んだのは一九一三年(大正二年)、第一次大戦前年のことである。女権をうたうフェミニズムの雑誌『青鞜』はすでにその二年前に創刊されている。その『青鞜』創刊号に、与謝野晶子が言葉をよせた。

山の動く日来《きた》る。
かく云へども人われを信ぜじ。
山は姑《しばら》く眠りしのみ。

その昔に於て
山は皆火に燃えて動きしものを。
されど、そは信じずともよし。
人よ、ああ、唯これを信ぜよ。
すべて眠りし女《をなご》今ぞ目覚めて動くなる。

山の動く日来る——海のこちらでも、女たちは明治の男尊女卑思想を脱して、自分の人生を自分自身の意思で歩きたいと思いはじめていたのだ。

女たちのそうした主張の根底には、東京の都市化が地方在住の若い女性の就労を可能にしていたという事実がある。女性の就労比率は以後、右肩あがりの線を描いていたのだ。一昔前、明治時代の風俗の花形が海老茶式部とよばれてもてはやされた「女学生」であったとすれば、大戦後の大正時代の花形はさらにすそ野をひろげ、装いも「洋装」化して、モダンガールと呼ばれた。海の彼方では、ギャルソンヌ、海のこちらではモダンガール。「自由な女」の輩出は世界的な動きだったといってよいだろう。

といっても、女性の地位の向上は、先進的な女たちが闘いとったものであった。さきにふれた平塚らいてうと与謝野晶子、山川菊栄たちのあいだに交わされた、いわゆる「母性保護論争」は大正時代の論争として歴史的に名高い。

与謝野晶子といえば、日露戦争の折にうたった反戦歌「君、死にたまふことなかれ」が名高いが、第一次大戦の時代に移ると、晶子はらいてうたちを論敵にした女性論争に忙しかった。らいてうが育児に国家の援助を、と提案したのにたいし、晶子は国家の干渉を排し、育児も自分の手でと主張したのである。二人の対立は激しく、論争は数年の間続いた。いわばそれは、解放のための女たちの「戦争」であったといってもいいだろう。晶子は何より女性の経済的自立が急務であると説いてやまなかった。それなくして国家の保護を言うのは甘えである、と。

晶子の主張にもわかるとおり、この論争は母性保護論争と呼びならわされてきたが、むしろ「女性解放論争」と呼ぶべき論争なのであって、与謝野晶子が説いたのは女の自立だったのである。平塚らいてうが良家の育ちのお嬢様で、自活の経験がなかったのにたいし、堺の商家にうまれ、幼い頃から帳簿など店の手助けをしながら育った晶子は、シャネルと同じく、生涯はたらきつづけた女であった。一一人の子供を育てながら歌をよみ、与謝野家の家計を支え続けた晶子は、シャネルとおなじく、百年早くキャリア・ウーマンを先取りした存在であったといえるだろう。みずからのその生き方があればこそ、晶子は女が働いて社会進出することを主張しえたのである。

晶子が百年先を歩いていたということは、一般大衆の女たちはまださほど目覚めていなかったということでもある。女性解放論争は、日本女子大卒の平塚らいてうや津田塾出の山川菊栄など高学歴のエリート女性によって交わされた議論であって、一般の女たちは、一九一七年（大正六年）に創刊された『主婦の友』を愛読していた。ファッションやインテリアや美容など、ここに生まれた「女性雑誌」の内容は、圧倒的に「家の中の女」向けの記事でうめつくされている。

それでも、家の外に出て働く女たちの数は確実に増えていた。フランスではギャルソンヌ、アメリカではフラッパーとよばれたおてんば娘たちは、日本ではモダンガール、略してモガと呼ばれた。断髪に、丈長のタイトスカートをはき、靴を履きこなした若い女たちが、ときに洒落た洋書を手にして銀座を歩く。パリ・ファッションに憧れるにはいまだパリはあまりに遠い時代だった。それでも、「洋装」という言葉には、世界のモードを身につけたいという憧憬がこめられていた。

キャリアの衣装「洋装」

いや、たんなる憧憬ではなく、働く女にはきびきびと動きの楽な服装が必要不可欠だった。シャネルが説き、形にしてみせたモード哲学を、今度は与謝野晶子が別のかたちで語っている。ときまさに一九二〇年（大正九年）。「女子の洋装」と題したエッセイからひく。

日本服と洋服とを比べると、前者は人を不活発にし、後者は人の心持をも挙動をも軽快にします。私が女子の洋装に賛成するのは主として之がためです。

次には、洋装の方が持が良いこと、衛生的であること、是等の条件も賛成の理由になつて居ます。
猶その上に、私は、審美的条件をも数へねばなりません。日本服にも特種の美くしさがありますが、洋装の美は動的の美であつて、現代的精神と調和して居る所に強味があると思ふのです。

晶子の言葉とシャネルのそれとが見事にコレスポンダンスを見せているのは驚くばかりである。もちろん晶子は同時代人でありながらシャネルのシの字も知らない。晶子が渡仏した一九一二年はまだシャネルのデビュー前なので、パリにいてもシャネルの名を聞くことはなかった。その後世界にシャネルの名が広まってゆくのはまずアメリカであり、日本では昭和も半ばをすぎた頃からである。

にもかかわらず、晶子はシャネルの衣装哲学の内容をものの見事に言い当てている。キャリアをもつ女には機能的な服装が必要であり、その現代性《モデルニテ》こそが新しい美をなしているのだ、と。
ここで興味深いのは、源氏物語の訳者であり、浪漫派の歌人である晶子の審美観が英米を低く見て、フランスに凱歌をあげていることである。晶子はこの時代に渡仏経験をもつ数少ない女性の一人である。彼女はその眼でパリの女たちの美しさを見てきたのだ。さらに英国をも訪ねた彼女は、厳しい目で英国の女たちを批評している。

表面《うはべ》の観察ではあるが巴里を観て来た目で評すると概して英国の女は肉付の堅《かた》い、骨の形の透《す》いて見える様な顔をして居て、男と同じ様な印象を受ける赤味がかつた顔が多い。世界の都を代表する顔で無く幾分田舎らしい顔で、目付は勿論一体の表情が何処となく真面目と怜悧とを示して居る。巴里の女の様な粋な美には乏しいが愛と知恵とには富んで居相《ゐそう》である。

ヨーロッパの地でこの目で見て確かめた事実は深く晶子のこころに根をおろしたのであろう。晶子の眼には、フランスのエレガンスこそ美的なものであって、英米にはそのエレガンスが欠落している。さすがに浪漫派歌人の美意識は鋭いのである。

というわけで、先にひいたエッセイ「女子の洋装」はこう続く。

洋装を実行しようとするなら、仏蘭西に於る一般女子の服装を第一に参考して、其れから自分の体格や容貌に合つたものを工夫するが宜しい。倫敦にしても、紐育《ニューヨーク》にしても、流行服はすべて巴里の新しい様式を標準にして居ます。巴里其他の新しい流行見本を裁縫師に提示して、それに由つて自分自身に工夫するだけの用意が我国の女子にも必要です。

モードはパリ。英も米もダメ。晶子の意見は世界のモード地図を明瞭に把握している。『ヴォーグ』が創刊されたのは十九世紀末のこと。メディアをとおしてパリ・モードは世界に向けて発信され、最新流行はすべてパリに発していた。ただし、先にふれたとおり、日本にパリ・モードが伝わってくるにはまだ遠く、昭和を待たねばならなかったが。

それでも、働く女の増加とともに、洋装は確実に広まっていった。そうして日本の女たちが身につけていた洋装は、それでは何をモデルにしたデザインだったかといえば、フランスのモードを百倍くらいに薄めてアレンジしたものではなかったろうか。パリ・モードはまずアメリカに模倣され、アメリカのバイヤーに買いとられるのが常であり、それが日本にも伝わってきたのではないかと思われる。スカートの丈や袖や襟のデザインなど、一般の女性たちが着やすいようにアレンジされたものであっただろう。

とにかく女性のキャリアの幅が広がるとともに洋装の幅も層も広がってゆき、この趨勢はずっと世紀をとおして右肩上がりのカーブを描いていった。モダンガールを輩出した第一次大戦後の時代は、思えばモード革命の時代であり、現代的な洋装の始まりの時代であったともいえる。戦場となったフランス、ヨーロッパにおいてはまさにそうであり、戦禍に見舞われなかった日本にあっても、女たちは解放の道を歩みはじめ、そのために闘い、職を身につけて自立してゆく。くりかえすが、女は強くなったのである。

そうして世紀は移り、二十一世紀のいま、女はもはや男の手に届かないところを駆けているかのような観がある。男と女の力関係は明治の昔と逆転してしまったといっても過言ではないだろう。男に依存せず、結婚しない女の数はふえるばかり、非婚化、晩婚化は少子化という「国難」を招きよせてさえいる。一一人の子供を育てながら働き続けた晶子のしたような苦労はもはや遠い昔の話である。女が強くなったのはいったい幸福なのかどうなのか。

ただ一つ歴史に学んで言えることは、女が強いのは平和な時代だということだ。平和な国は軟弱な文化を産む。大正時代の夢二式美女やモダンガールがそうであり、平成の「カワイイ」がそうである。だとすれば、カワイくて強い女たちが多いことは大いによろこぶべきことなのかもしれない。

（二〇一四・五）

世紀末パリのきらめき――マラルメのモード雑誌『最新流行』

夏のファッション真っ盛り。季節の祝祭のように、モードはわたしたちを熱くそめる。そのモードの発信源はやはりパリをおいてないだろう。この意味ですべての「流行通信」はどこか「パリ通信」に通じている。

ところで、あの高踏派詩人マラルメがこうしたパリ通信を発行していたと言うと、驚く読者が多いかもしれない。難解なイメージの詩人に流行通信というメディアはいかにもそぐわないからである。だが彼マラルメは確かにモード雑誌の編集を手がけた。その名も『最新流行』。時は一八七四年。このたび刊行された『マラルメ全集』第三巻（筑摩書房刊）は、この作品の本邦初訳をおさめ、詩人のもうひとつの顔をつぶさに見せてくれる。

いかにもそれは時の「最新流行」を伝える情報誌である。表紙を飾る絵は、オペラの観劇にブーローニュの森の乗馬、食卓の準備、裁縫、そしてエトルタの海辺の水泳シーン。いずれも当時のハイライフを代表する情景であり、オペラ座やブーローニュの森は、着飾ったパリジェンヌたちが「見る」「見られる」ドラマを演じるモードの舞台でもあった。海浜情景が描かれているのも、夏を海辺で過ごすリゾートが上流階級のトレンドになりはじめた時代だからだ。

それらのハイライフ情景は雑誌のトピックスでもあり、毎号それにちなんだ記事がならんでいる。トップを飾るのは必ずモード情報。第一号の宝飾品に始まって、髪飾りや扇などの小物からオートクチュールのドレスにいたるまで、マラルメは、マルグリット・ド・ポンティという女性名を使って記事を書いている。いや、実はモード記事だけでなく、劇評や書評をとりまぜた「パリ歳時記」から各種イベント情報、さらには軽妙な「ファッション通信」まで、マラルメはさまざまなペンネームを使いわけ、執筆から編集まで全頁を一人で作成していたという。渡辺守章氏が解説で言うように、この孤高の詩人は、《今》にときめくファッションをメディアの言説で語る「言説的パフォーマンス」に挑んだのだ。

そう、「流行通信」は、まぎれもなく大衆を読者にしたメディアの文章である。それをありありと感じさせるのは、そこにちりばめられた固有名詞の数々だ。たとえば「完成を翌年にひかえた」オペラ座を語る文章からは、パリの目抜き通りの歓楽のざわめきと貴婦人たちの衣擦れの音が聞こえてくる。あるいは、オッフェンバックのオペレッタ『地獄のオルフェ』や『パリ生活』の再演大成功の記事からは、フレンチ・カンカンのリズムとともに、色恋に浮かれるパリジャンの快楽が生き生きと伝わってくる。あるいはまた、ジュール・ヴェルヌの芝居『八〇日間世界一周』の記録的大ヒットの記事にふれると、世界観光に酔いしれた大衆の熱狂が浮かびあがる。

要するにマラルメは、到来した「消費社会」の浮かれ気分を夢のようなエレガントな文体で綴《つづ》っているのだ。実際、モードにあって重要なのは事実ではなく、事実がまとう祝祭感覚であり、固有名詞は——たとえばブランドがそうであるように——こうした「夢の言説」に不可欠の記号であって、事実を語りつつ、それを空無化して在らぬ場に浮遊させる、一種魔術的な装置にほかならない。

そうした魔術装置のなかでも最大のそれが「パリ」であるのはいうまでもないだろう。「優雅なものすべての光源パリ」と詩人は語る……。マラルメのテクストはすべてをパリという消費都市のアウラで包み、その幻惑的なきらめきで輝き立たせるのだ。そのマジカルな輝きは、近代都市の表層を覆う《無のきらめき》以外のなにものでもない。

そうだとすれば、モード雑誌という一見意外な大衆メディアは、「虚無」の詩人マラルメにまことにふさわしい試みだったというべきだろう。消費社会は目新しいものを特権化しつつ、《虚》の祝祭によって人々を惑わせる——この世紀末詩人は、近代モードの本質を鋭敏にとらえ、優雅な言語遊戯によって、その「虚のきらめき」をそっくり表現にもたらしたのだ。マラルメのこの現代性を達意の名訳で味わう幸運をよろこびたい。

（一九九八・八・六）

ヴェネチアの魔の衣装

人生のなかには、特に選ばれた一日がある。後でふりかえって、あれは魔に襲われたのだとわかってぞっとするような、そんな一日……。

その日、わたしはある衣装に呼ばれた。フォルチュニーと名付けられたその衣装はそっとわたしを待ち伏せしていた。サンジェルマン・デプレのとある店で。

四年前、あるシンポジウムに参加する機会があって、二週間ほどパリに滞在した。シンポジウムの三日前、ひとりでパリに降り立った。いつものようにサンジェルマン・デプレに宿をとり、いつものように翌日すぐにホテル界隈をぶらついた。

早春とはいえ、鉛色の空はまだ冬の名残りをとどめていた。コートで身をくるむようにして急ぎ足でオデオンの角を曲がり、サン・シュルピス通りに向かう。

昼下がり、古いパリの面影をのこすサン・シュルピス通りは静まりかえって人影もなく、通りに入ったとたんに風がやみ、辺りの建物に身を護られるような気配にほっとして足を緩めた。

そのとき、何かがわたしを呼びとめた。はっとして、呼ぶ方を振り向いた。

通りの斜め向かい、地味なアパルトマンの隣に小さなブチックがある。知らないと見落としてしまいそうな間口の狭い店だった。呼ばれるまま、本能的に、わたしは通りを横切った。

ショーウインドーが目に入った。

たいして大きくないウインドーに、一枚だけ、プリーツの衣装がたたんでおかれている。そのうえに、ヴェネチアン・ガラスを思わせる繊細なロングネックレスが飾られていた。濃いワイン色のプリーツの上に置かれた黒と茶のクリスタルの透明感が何ともいえずに美しい。

そこだけが、小さな劇場空間のようだった。そのプリーツは、あらがいがたい力でわたしをひきよせた。美には魔の力がある。そこ、忽然と立ち現われたエフェメールな劇場でそのときわたしを呼びとめたのは美のオーラだった。

わたしは、急に言葉を忘れてしまった旅行者のようにおずおずと店に入っていった。

「このプリーツ、イッセイ・ミヤケなんですか?」

切迫した声でたずねるわたしに、出てきた女性の返事はそっけなかった。栗色の髪をして、切れ長の眼の涼しい、美しい女だった。

「いえ、これはフォルチュニーです」

衝撃に打ちのめされて、わたしは声がうわずった。

「フォルチュニーですって?」

店を出てきたわたしは、ウィンドーにあったのと同じ上着を買っていた。鏡に映ったワインのプリーツはぴったり似合う。まるで、わたしを待っていたかのように。

「今朝、届いたばかりです、ショーウィンドーのと、あなたが買ったのと、二枚きりです」

栗色の巻き毛の美女は、無表情に、抑揚のない声でそれだけ言うと、後は何も言わなかった。

——どうしてパリでフォルチュニーに会うの?

あたりは水を打ったようにしんと人気なく静まりかえっていた。ここサンジェルマン・デプレはいったいどこなのか。

遠い海の、死んだ歳月が、一枚の衣装になって、虚空を漂っている。

いや、その衣装は海をわたって流れ着いたのかもしれない。ゆらゆらと波間を揺られて、誰かの肉体を求めてここへ来たのかもしれない。そして、今日、わたしを呼んだのだ。ここ、パリで。百年前のヴェネチアの海の衣装が。

フォルチュニーに呼びとめられたわたしは、魂をぬかれたように全身の力が抜け、気がつくとサンジェルマンのホテルの部屋にもどっていた。そのまま倒れるようにベッドに横になったわたしの脳裏をとりとめない想いがよぎってゆく。ホテルの淡いブルーの壁紙が水になってさざめいていた。

旅先でただでさえ曖昧になっている時間感覚が薄れて水のなかに溶けだしてゆく。パリの現在とヴェネチアの過去。波の衣装とともに、自分が遠い場所に運ばれてゆく。そう、美しい襞がいかにもヴェネチアの運河の波を想わせるフォルチュニーは波の衣装だ。ラグーンを黄金に染める夕日を浴びてきらきらとさざめき立つ波。

アルベルチーヌが語り手の家を出て「逃げ去る女」になるその日、着ていた衣装がこのフォルチュニーの衣装だ。豪華な衣装を身にまとって立ち去ったアルベルチーヌはそのまま帰らぬ人になる……。

プルーストの世界のなかで、フォルチュニーの衣装とヴェネチアの魅惑は一つに結ばれあっている。世界中で唯一ヴェネチアだけがかくも豪奢な金の波の衣装にふさわしい。水が同時に鏡になり、水をのぞく者の姿かたちを映しだすあの水都。

もうずっと昔、観光客として訪れた霧のヴェネチアの光景と、プルーストの小説と、フォルチュニーの衣装の写真とが乱れて交錯してゆく。

ヴェネチアに来た者は、男も女も、狂ったように服を買う——ヨシフ・ブロツキーの小説でたしかそんな文章があったのを思いだした。たしかあれは、《Watermark》。水都を愛したロシアの詩人ブロツキーの極美のヴェネチア小説。

舞台衣装なのだと思う、フォルチュニーの衣装は。金と赤に染まったその豪奢な衣装は服というにはあまりに華麗で、とてもこの世のものとは思えない。着こなすには、狂ったように化粧をして、日常と呼ばれる世界を抜けださなければならない。日常というものを日本に置いてきた身の上だから、かりそめの旅の身だから、呼ばれたのだろうか？

はるかな昔に失なわれた肉体を探して、波間を漂うヴェネチアの衣装。

淡いブルーの部屋の水の流れが果てしなく広がり、いずことも定かでないその水の上、赤と金にきらめく衣装がゆらゆらと揺れ、ひととき茫と燃えあがって、紅《くれない》の炎をあげた。と思う間もなく、すっと波に呑まれて水底に沈んだ。

外はもう宵闇が迫っていた。

ベッドから身を起こしたわたしは、近くのカフェでそそくさと食事をすませてホテルにもどり、持って来た資料とノートを広げた。資料には、フォルチュニーの衣装の図版が収められている。「都市を語る」そのシンポジウムで、わたしはフォルチュニーにふれる予定だったのだ。パリに来るとき良く着るイッセイ・ミヤケのプリーツを着て……。

あの小さな店が、どうしてそれを知っていたのだろう？

フォルチュニーに寄せるわたしの愛を、どうして、誰が、知っていたのだろう？

たしかに、あのフォルチュニーは、あの時わたしを呼んだのだ……

翌々年の春に、ふたたびパリに行く機会が訪れた。着いてすぐサン・シュルピス通りに出向いた。店は残っていた。だがショーウィンドーにはまるで別の衣装が飾られていた。中に入り、あのときの栗色の髪の美女を探した。全然別の、かわいいパリジェンヌしかいなかった。

忽然と、わたしの前に現れて、忽然と消えた、エフェメールな劇場。だがあのフォルチュニーは夢ではない。わたしのクローゼットには今もまだワイン色のあのフォルチュニーが眠っている。

ヴェネチアの魔の衣装は、あの時、確かにわたしを呼んだのだ。

それにしても、いったい何のために？　わたしに何をしろと？

わだかまる謎のなかから、ある書物が浮かんでくる——きっとわたしは書くことになるのだろう。フォルチュニーをめぐる一冊の書物を。その書物はおそらく女についての物語になるだろう。フォルチュニーを着て「逃げ去る」女の……。

その書物が書かれるかどうか、わたしは知らない。だが、もし書けたとしたら、それは百年前のヴェネチアの衣装が仕向けた悪戯の果実。そう、その衣装の魔力を忘れえぬ言葉で描きだした小説作者、プルーストそのひとの悪戯の。

（二〇〇二・一二）

誘惑論——かぎりなく「女」論に近づいていく

概要と魅力

いつからかファッションに私的関心を持ち、モード論を二冊も書いてしまったが、専門は「誘惑論」と言うとき、いつも心にわだかまりを感じてしまう。身体の美的形式であるファッションとエロティシズムは切っても切れないほど深い関係にあるはずなのに、それを語り起こす学問的な言説がほとんどないのが現状だからだ。だから、「専門は誘惑論」と言うのは、必要悪役（?）を買ってでるような心境である。いったいひとはなぜおしゃれをするのか——そう聞かれたら、異性の眼をひくためだと答えないひとはないはずなのに……。

もともとフランス文学が専門なのに、こんなこだわりが昂じて誘惑論に深入りしてしまったというのが正直なところだが、それにはもうひとつ、私が女であることも大きな要因になっていると思う。すべての生きた学問がそうであるように、ファッション学も自分を問うことなしに成立しえない。その意味で、誘惑論は「お勉強」では学びようのないものである。今日はどのイヤリングにしようかしらなどと、毎日のように変身をしたがる自分はそもそもいったい何者か？　何が私をそうさせるのか？　こうして自分を問いつめていったその先に、自分を超えた普遍的な世界が開かれ、同時に欲望の「法則性」がみえてくる。

そう、ファッションとは誘惑の法則である。すべて美的なものは眼を惑わすものだが、その惑わし方には法則性がある。身体の表層の美はいかにして、ひとを惑わすのか？　いや、そもそも美はなぜ惑わすのか――こうした一連の問いは、主語を《女》に代えて、読みかえが可能である。女は、なぜ、いかにして男を惑わすのか、と。

というわけで、誘惑論はかぎりなく《女》論にちかづいてゆく。「コケットリーとは《イエス》と《ノー》を同時に表現することである」とは、哲学者ジンメルの言葉だが、まさに女の誘惑性をついた深い言葉だ。しかもこれはファッションの本質をも語っていて、ファッションとは「《在る》と《ない》とを同時に表現すること」であり、「《隠す》ことと《見せる》ことを同時に表現すること」だ。このパラドックスを学ぶことがファッション学の始まりだと思う。

関心テーマ

とくに最近というのではなく、ファッションを研究する以上いつも関心がある領域はメディアである。モードはメディアなくしてありえない現象だからだ。今という時に「ときめきたい」という欲望は現在性への関心だ。その意味でいつも《今》に興味がある。というより、いつも《今》というトレンドに関心をもつ人間の欲望のありかたに興味がある。うわさから口コミからマス・メディアまで、メディアの中の身体にいつも興味を抱いている。

さらに、最近とくに関心をよせているのは「ブランド論」である。ブランドというこの不思議なものになぜひとはこうもふりまわされてしまうのか？　これもまたごく身近な日常文化だが、身近すぎて「論」として語り起こされることのない現象である。経済学も社会学もまともにふみこんで論じていないこの問いを考えてみたいと思っている。広く欲望の現象学に興味があるのだ。こんな関心をまとめて、近々、もう一冊、ファッション論を執筆する予定。

学び方

ファッション学というこの新しい領域にアプローチする第一の資格はミーハーであること。おしゃれだの、ブランドだの、うわさだのといったマス・カルチャーを生きている自分、その《自分》から学問が始まる。つまりファッション学は「ひとまず」誰にでも学べるということだ。ただし、その次が肝心。ミーハーであることと、ミーハーとは何かを「理論的」に認識することとは別のことだからである。おしゃれという、この平凡な日常文化から出発して、「文化の哲学」にジャンプする知的好奇心がないなら、ファッション学などやらないほうがいい。

たとえば、哲学者ニーチェがこんなことを言っている。

「すべて深いものは仮面を愛する」

これ、もろファッションの核心をつく言葉。こんな言葉に、おおっと感動するようなひと、ファッション学はそんなふうに「自分を哲学する」ことに興奮を覚えるひとのためにある。もうひとつ、フランスの社会学者ボードリヤールのおしゃれな言葉を。

「誘惑は、そこ、表層に輝いていて、あらゆる力のうぬぼれをくじく」

思わずひとを考えさせずにはいないこんな言葉に魂を誘惑されるひと、ファッション学はそんなひとのためにある。

私にとってのファッション

ファッションは私にとってビョーキである。自分がおしゃれをするのも好きだが、ひとにおしゃれさせるのはもっと好き。学者なんかになったのはまちがいで、職業を選びなおすとしたらスタイリストがぴったりだったと思う。だけど、観念的、思弁的なことも大好きだから、スタイリストやっていたら欲求不満で大学に入りなおしたかもしれない。ということは、結局ファッション学をやっているのがいちばんいいのかも。

この四月から大学でついに（!）「ファッション学」の講義を始めた。身体論から始まってトレンド論まではよかったけれど、いよいよ誘惑論、エロティシズム論にさしかかって、こんなに大学で講義しにくい学問はないと痛感。恋愛論を大学の講義でやるのと同じ難しさだ。だけど、その難しさはやりがいでもある。「女はいかにして男をだますのか」ということを、ニーチェやジンメルを使って教えることじたい《おしゃれ》なことだと開きなおっている。過激な授業をやりたい。

（一九九六・一一）

みんな「女」になってしまった

コケットリーという言葉がある。かってそれは、恋愛の「隣人」どころか「主役」をつとめた言葉だった。たとえば、わたしたちはこんなふうに言ったものだ。「彼女はコケティッシュな女だ」とか、「侯爵夫人は存分にコケットリーを発揮した」とか——恋愛のあるところ、コケットリーは嫉妬や別離とならんでよくある恋の風景の一つをつくっていた。

だから、コケットリーと題された恋愛論があったとしても少しも不思議はないのだが、事実、ドイツの哲学者ジンメルが『コケットリー』という恋愛論を書いている。二十世紀初頭のことである。けれどもそれは、恋愛論というよりむしろ女性論といったほうが正確だろう。ジンメルによれば、コケットリーは「女」だけが駆使できる技法であり、女が自分の魅力を発揮する最高のありかたなのである。ジンメルは次のように言う。

コケットリーは、イエスとノーを同時に言うことである。

イエスとノーを同時に言うこと。こういうふうに言われてみれば、わたしたち女は今でもすぐに思いあたりはしないだろうか。恋するときのあの無意識の心の揺れ方に。「あたし、やっぱりいや」。そんなふうに、女は一度イエスと言ったものを、次の瞬間には覆してしまう。

それでいて、きっぱり「ノー」と、かたく決心しているわけでもない。わたしたちの脆い心は、イエスとノーのあいだを揺れうごいて定まらない……。こうして、扇のようにゆらゆらとイエスとノーのあいだを揺れる身ぶり、ジンメルはまさにそれをコケットリーと名ざしたのである。

このとき大事なこと、それはこの身ぶりが「女性専科」であることだ。ジンメルはこう言っている。

「イエスとノーを同時に言うことにかけて、女性は名人である」。ということはつまり、コケットリーとは女が男にたいして駆使する技法であって、その逆は決して成り立たないということである。ジンメルの恋愛論は、男と女の非対称性を前提として成立し、両性の差異を際立たせてみせるのだ。恋愛論のクラシックであるゆえんである。

だからこそ、なのだろう。百年たらずの時の流れとともに、コケットリーが恋愛の主役の座を降り、隣人の地位さえ保てずに、死語と化して記憶の水底に沈んでしまったのは。

「見せる」ことと「隠す」こと

ところがいま、そうして死んでしまったはずのコケットリーが、別の意味で「恋愛の現在」を語っているような気がするから不思議である。

別の意味というのは、どういう意味でかというと——いえ、いえ、そんなに結論を急がずに、少しまわり道をしてみましょう。ストレートに自分を明かさずに「まわり道」をするのがコケットリーなのですから。コケットリー論がストレートでは形無し、コケットにゆくことにいたしましょう。

そう、コケットであるということは、ちょっとメイクして「つくり顔」をすること、自分をより良く「見せる」ために、自分を「隠す」技法でもある。実際、コケットリーはモードの技法に通じている。なぜならコケットリーは、ファッションのように自分のどこか一部を「隠す」ことによって自分をより良く見せる技法でもあるからだ。ノーがイエスの価値を際立たせるのと同じように、時として「隠す」ことは「見せる」以上に「見せる」ことにひとしい。たとえばここに、覆いがかかって中身の見えない小箱があるとしたら、ひとは必ずその覆いを取って中を見たくなるにちがいない。

そのとき大事なことは、中に「秘密」があるかどうかではない。中は空っぽでもかまわないのだ。あたかも秘密があるかのような「思わせぶり」が肝心なのである。ただあからさまにそこに在るより、仮面がかかっていたほうが対象の魅力は増す。他人の目に映る自分の姿は、素顔よりも演出されていたほうがアピールするのである。

この意味で、コケットリーとは自分を他人に「見せる」技法だといってもいい。よりよく「魅せる」ためには、より良く隠すことを身につけていなければ。要するに、それは自己演出の技法なのである。

コケットリーをここまでふくらませて考えてみれば、コケットリーは《私》というものの現在をよく語ってはいないだろうか。《私》はいつも他人の目を気にしてストレートに自分をださず、外にも内にもメイクをして自分を演出してみせている……。

それというのも、メディアの肥大化とともに、いまやいたるところに他人の目があるからだ。ファッションからプリクラまで、パフォーマンスの機会は日常茶飯に転がっている。

しかも――ここが大事なところだが――そのパフォーマンスのノウハウは、いまや男女の別を問わない。「ヴィジュアル系」が人気を博し、男の子がメイクをしても何の違和感もない現在である。コケットリーはひろく性別をこえた《私》のプレゼンテーションの様式になってしまっている。

（一九九九・七・一〇）

誰に媚びるの？

ないものをあるもののようにすること。あるいは、あるものをないもののようにすること——化粧というアートはすべてこの《トリック》のさまざまなヴァリエーションである。ルージュという嘘のくちびるを描いて、真実のくちびるを消してしまう。手品師の芸当にもひとしいこんなトリックを女たちは毎日平気でやりながら暮らしている。どこを隠し、どこを強調するか、それは本人のお好み次第。ロングにするか、ショートにするか、髪型もいっさい自由。

メイクと称されるこのトリックは、ファッションについても同じことだ。メイクが皮膚の変形術だとすれば、ファッションは身体の変形術なのだから。スカート、パンツ、ロング、ミニ、そのなかでどれを選ぶかは本人の気分次第、メイクとまったく同じ芸当である。色と形を組み合わせて変幻自在、どんな衣裳でもタブーはないし、何ならヌードという衣裳も許されている。

同じように、メイクについても、ノーメイクというメイクだってもちろんある。さらにはもう少し手を凝らせ、限りなくノーメイクに近いメイクというメイクもそろっている。こんなにもさまざまなトリックを弄しながら、いったい女たちは何を求めているのだろうか？

自分のイメージを揺さぶって楽しむこと。メイクの数やコスチュームの数ほどに幾つもの自分を演じてみること。より魅力的な自分を演出すること。より美しく、よりチャーミングに《偽装》すること。

なぜなら、いつも同じ自分であるのは退屈だからだ。

まったく、メイクからノーメイク、着衣からヌードまで、これほど多様なイメージの演出法がそろっているというのに、どうしてそれを拒む必要があるだろう？　これほどたくさんの《見せかけ》アートがそろっているのに、その偽装の快楽をむざむざ放棄するだなんて。既得権は、行使しなければ、いつ脅かされるともかぎらない……。

いや、化粧は女のものという制度など、すでにもう脅かされているのが現状ではないだろうか。「女のように」化粧して、「女のような」ファッションに身をつつんだ美少年が増殖しはじめているらしいから。いつも同じイメージでなければならない退屈さからエスケープして、女と同じトリックを使いはじめた美少年たちがいずこともなく漂流している。男から女への越境がひろがりだしている気配が濃厚だ。

そう言えば、いつ頃からか、男の子たちがわざわざ女ものの衣服を選びはじめ、ピアスをつけはじめた。思えばあれが始まりだったのだろうか。おしゃれから始まれば、メイクに移行するのは造作もないなりゆきだ。メイクもファッションもすべて《見せかけ》のアートなのだから、ひとたびおしゃれをめざしだしたら、女がやっている偽装のトリックのすべてが男女の境界を越え、ボーダーを揺るがしてゆくのはロジックななりゆき、そのことじたいに何の不思議もない。

男の子たちは、イメージの誘惑力に感応しはじめたのだ。何ひとつ力まず、イズムも唱えず、あたかも美的ウィルスに感染するように。色から形まで「女もの」の洋服が似合うとなれば、メイクだってどうして似あわないわけがあるだろう。やってみれば面白い。いろいろに自分を着せかえ、つくりかえてみる快楽がどうして女だけの特権なものか……。

男女をへだてるおしゃれのボーダーラインは、こうして風化し拡散し、いまやメンズ／レディスの分化は無意味化しつつある。メイクした美少年にたいして「異装」だの「倒錯」だのといった有徴性のラベルを張ろうにも、そもそもの根拠となる「正統」の正統性が薄れてしまった現在、やりたいことを禁止できるようなドグマなどもはやどこにも存在しない。

面白いことはやった方が勝ち。メイクでもリメイクでもやりたければどんどんおやりになれば？と、言うのは簡単だけれど、こんな「美少年のススメ」は、やおら難問につきあたる。

それというのも、そんなにきれいになって、いったい誰に見てもらうの？という問いにつきあたるからだ。はじめに言ったとおり、メイクもファッションも自己イメージの演出法なのだから。演技者は観客がいなければ存在しないも同じ。すべてのおしゃれは「見られる」ためのトリックだ。

そのトリックをつくしても、誰にも見られないのでは観客のない俳優と同じ、何にもならない。

いったい、誰に見せたい顔？　からだ？

もしそう聞いたとしたら、さしあたって「誰か」でいい――美少年たちはそう答えそうだ。さしあたり、鏡を見ているもうひとりの自分自身、それこそもっとも望ましい観客なのだ、と。

ところが、難問はその先なのだ。

なぜなら、美しくみせようとするトリックは遊びではあるけれど、実は目的のある遊びなのだから。女たちがあれほどトリックを凝らすのはいったい何のためとお思いか？

それは、「誘・惑・す・る」ためなのだ。

そう、女が化粧するのは、誰かのまなざしをおびきよせるため。あるものをないように、ないものをあるように、せっせと工夫をこらすのは、罠をしかけること。

いいえ、もっと本質論を言ってしまいましょうか？

化粧をするのは、異性に「媚・び・る」ため、なんです。性的存在としての自分を際立たせること――メイクからヌードまで、結局のところあらゆるおしゃれはそれ以外に何の目的がありましょう？　かぎりなくファンダメンタルな化粧論は実にそういうことなんです。はずかしいまでに明晰判明。

異性をおびきよせるため、ルージュをぬった方がセクシーならルージュを濃くひく。ナチュラルの方が好みならノーメイクにする。ヌードがセクシーなら、かぎりなくヌードにちかいおしゃれに、あるいは、すっぱりとヌードになってしまう。ノウハウはそれぞれあるけれど、それらすべての身ぶりのメタ・メッセージは《媚びる》こと。自分の性を見せつけること。「より以上」に見せるためなら、どんな真実を隠すこともいとわない、それが化粧のメタ・メッセージ。

　そうだとすれば、女のようにメイクした美少年はいったい誰に媚びているのか？　異性に媚びている？　それとも同性に媚びている？　あるいはどちらとも？　あなたの媚態はいったい誰のため？　どちらの性のため？

　こうして、身体トリックは難問にゆきあたる。ゆきあたるはず、だとわたしは思う。さしあたりその問いを宙吊りにしたまま、「どちらでもなさそうな」美少年の群れは増殖を続けそうだけど、そんなかれらの小さな増殖を予感しながら、もうひとつ、ファンダメンタルな断言をやってしまいましょうか？

　媚びるトリックにかけて、しょせん男は女に及ばない。

　歴史がちがう、身体がちがう、遺伝子がちがう。勝負は見えている。

　それでもやはり、負けるゲームをやってみたい？

　いいじゃないの、面白ければ。おやりになれば？　誰に媚びるのかわからなくったって、変身って面白いから。見られることって刺激的だから。退屈さから抜け出すための遊びとしてはファミコン以上かもしれない。「退屈」どころか、男という制服《コスチューム》が「窮屈」な男の子なら、いちどはぜひ感染したほうがいいと思うくらい。およそハングリーほど色気のないものもありませんから。

そうして、目的論を宙吊りにしたまま、ひとまず化粧してみて、やがてファンダメンタルな問いにゆきあたる（と、わたしは思う）。「私は誰に媚びたいのか？」と。

もしかして、こんな答えもあるかもしれない。誰かれとなく媚びてみたい、不特定多数にアピールしてみたいという答え……。誰でもない誰かに自分を見せるメディアの鏡が性という実体を空洞化して、「宛名のない媚態」を生みだすのは大いにありそうなことだ。アイドルは演技者のプロだから、それもロジックななりゆきだろう。全員共犯で誘惑者に拍手をおくるのがメディアの掟であってみれば、その無責任性を断罪するいわれもどこにもありはしない。

何となく、不特定多数を誘惑すること。それも刺激的で退屈しのぎには十分だろう。メディアの鏡は手ごたえ十分、もっとも効果的な嘘つきトリックを教えてくれるにちがいない。けれど、そのトリックが身につけばつくほど、あのファンダメンタルな問いは避けられない運命だと思う。

私は誰に媚びているのか？　誰の欲望をそそりたいのか？　どちらの性の欲望を？

化粧が性のボーダーを越えた時代の《性のネメーシス》――美少年たちの群れの向こうに、そのネメーシスが待っている気がする。

（一九九五・一二）

身嗜みが輝く。

昔、ファッションがきらきらと輝いていた。花が咲いたようにモードがきらめいていた。カッコイイ紫のシャツが咲き匂ってめまいを起こしそうだった。

いったいあれはいつだったのだろう。あれほどにモードが先鋭的なポテンツを放っていたのは？　二年前？　五年前？　それとも一〇年前？　何年前だったのか、もう思い出せない。そんな昔に思われるほど、あっと言う間に時代の気分はコンサバティヴだ。見てくれより内容、ルックよりマインド。なんだか、皆いっせいにそう言いはじめているような気がする。

モードの黄昏。そう言ってしまうと、さびしいような、せつないような。

けれど、見方を変えれば、それだけファッションが「落ち着いた」ということなのだろう。新しいものを追いかけ、最新流行に飛びつくファッション狂想曲はもう終り。これからは服を「身につける」時代なのだ。

服を身につける。服に着られるのでなく、服を着こなす。そう言えば、かの伝説的なロンドンのダンディ、ブランメルはお洒落の極意をこう語ったものだった、「真のお洒落は決して目立ってはならない。もし誰かにじろじろ見られるようなことがあれば、それは君の服装がわざとらしすぎるのだ」と。凝ったお洒落はたしかに衝撃的だけれど、「目立ちすぎる」のは所詮お洒落が身についてない証拠なのである。

いつもの服をいつものように着る。たとえそれが「新し」であっても、以前から着ていた服の感覚でさらりと着こなす。「服が気になる」ようではハンサム・ボーイ失格なのだ。服と身がひとつになってえもいわれぬハーモニーをかもしだし、内と外がしっくりひとつにとけあって、着る人の《たしなみ》がおのずとそこに形をなす。思えばそれが、装うということの本義だったはず。

そう、《たしなみ》なのだ。ハイ・センス、趣味の良さというものは。ごくあたりまえに、いつもたしなんでいるもの。その「あたりまえ」の水準が高いとき、それが品格と呼ばれるものなのだ。

たとえば、あのヴィスコンティ。映画のロケに出るとき、いつも車に愛用のルイ・ヴィトンをつみ、そのトランクの中に何着もの「いつもの服」をそろえていたという。彼にとってはルイ・ヴィトンも絹のスカーフもみな日ごろのたしなみであり、普段の身のまわり品だったにちがいない。《本格的》がそのまま《あたりまえ》であるような、趣味のグレードの高さ。ことさらな気取りなど必要としない身嗜み——そのとき、内と外、人格と装いは、一枚の布の表と裏のように切り離しえないものであり、えもいわれぬ品格がそこににじみでる。

そう、大切なのはたしなみ。音楽をたしなみ、酒をたしなみ、学をたしなむ――そのたしなみは、どのブチックに行っても売っていないし、どんなブランドだろうと決してお金では買えはしない。こればかりは、まさに身につけるよりほかないものだ。そう言えば、フランスの文豪バルザックも語っていたものだ。

「馬鹿と金持は飾り立て、優雅の士は服を着こなす」と。

いつもの嗜み。身嗜み。考えてみればお洒落にとっていちばん大切なものは、これだったはず。そうだとすれば、浮わついたファッションの黄昏はよろこぶべきことなのかもしれない。《あたりまえ》こそモードのベーシック。いつもの身嗜みがおのずとさりげない輝きを放つ。そのときこそ、モードのまぶしい幸福感があたりに薫り立つのだろう。

（一九九三・八）

デオドラント文化の行方——「優しい香り」が好まれる背景

アロマテラピーをはじめ、「優しい」香りの商品が人気を呼んでいる。香水もフローラル系の軽い香水が好まれているという。二十世紀の暮れ方、感じやすい心はナチュラルでほのかな香りにひかれるらしい。

ことは香りにかぎらない。メイクもそうである。いかにも人工的でけばけばしい化粧はすっかり敬遠されて、ナチュラル・メイクが主流である。わたしたちの感覚は、強烈なもの、濃厚なものから、優しくほのかなものへとむかっている。まことに「感じやすい」ナーヴァスな世紀末だ。

人工志向の宮廷文化

歴史をふりかえってみると、こうした身体感覚の変容は、およそ二百年前、十八世紀末に立ち起こってきたものだ。香水といえばフランスが本場だが、フランスの十八世紀は貴族の時代、ヴェルサイユに宮廷文化が花開いた時代である。その貴族文化の美学は、およそ「アンチ・ナチュラル」

につきていた。男も女も化粧するのが礼儀にかなったことだとされ、おしろいから髪粉まで念入りな化粧は仮面（マスク）と呼ばれていた。マスクというその呼び名に化粧の濃厚さがあらわれている。

当然のことながら香水もアンバーやムスクなど動物性の香料をつかった濃厚な香りが好まれた。要するに身体感覚のいっさいが人工志向だったのである。アーティフィシャルなものがビューティフルだったのだ。

こうして濃厚な香水がたちこめるヴェルサイユ宮殿には、もうひとつ、別の「におい」の名物があった。それというのも、宮殿のトイレ設備はきわめて貧弱だったからである。化粧や香水をふんだんに用いた紳士淑女は、そちらの匂いにたいしては極めて寛大だったのである。

無臭へと向かう感性

こうして貴族文化がたそがれて、ブルジョワジーの世紀が到来するとともに、「清潔革命」の幕があがる。化粧や香水から不潔な体臭まで、すべて強烈で濃密な匂いがにわかに嫌疑の的になってゆく。これみよがしでアーティフィシャルなおしゃれはすたれ、「慎ましさ」が良き趣味の規範となる。ほのかなフローラル系の香水がもてはやされるようになるのはちょうどこの時代からである。「自然にかえれ」と言ったジャン＝ジャック・ルソーは、感性のブルジョワ時代の始まりを告げわたったのだ。ナチュラル志向がここに始まったのである。

ナチュラル志向はすなわち清潔志向である。香水であれ化粧であれ、仮面のように身体を覆うものを脱ぎ捨てようとするのだから、いきおい、身体それ自体を磨かざるを得ない。香水をつける前に、清潔をこころがけて身体の匂いを消すことが肝心なのだ。そう、フランス革命を用意したルソーは、実は「デオドラント（無臭）文化」をも用意していたのである。

身体の匂いにあれほど寛大だった貴族的感性はレトロになり、ナーヴァスな感性がひろがって、「体臭」に過敏な反応が起こってゆく。「くさい」匂いは危険な匂い、排斥すべきものになったのである。こうして、近代の到来とともに、無臭であることが良き市民の資格となった。

弱いナルシスの時代

それからおよそ二世紀、朝シャンブームをへて生活の無臭化を徹底化し、そのうえで「ほのかな」香りの演出を楽しんでいるわたしたちは、まさにルソーの末裔《まつえい》にちがいない。清潔とヘルシーを大切にする感性は、他人の匂いにたいして実に不寛容なのだ。過敏な鼻はナルシスティックなのである。

不潔を嫌い、匂いに過敏なナルシスたちは、ナーヴァスで、傷つきやすい。

傷つきやすい感性は、何であれ、強烈で濃密なものを回避しようとする。自我と自我の熱い団結や対決といったものほど、かれらにフィットしないものはない。ダイレクトでない間接表現こそかれらの好むコミュニケーション形式。だから、優しく脆《もろ》いナルシスたちは、ケータイやパソコン通信など、なんらかの「媒介」のあるコミュニケーションが得意なのである。

こうして長いタイムスパンで感性の歴史をふりかえってみると、ナチュラル志向とメディア志向はどこかで通じあっている。いずれも「軽い」ものと「きれいな」ものを好み、ソフトな殻にとじこもりたがる――。アロマテラピーがはやり、優しい香りが愛されるこの世紀末は、他人の汗臭さに耐えきれない「弱いナルシス」たちの時代なのだ。セラピーブームは他者との接触を回避したいという欲望と表裏一体なのである。

こうしてみれば、香り商品の繁栄は、人間関係のほころびをあらわす一つの指標なのかもしれない。いずれにしてもデオドラント文化の行方をもっと広い視野から考えるべきではないだろうか。

（一九九九・三・二五）

なぜ《顔》なのか——徹底的に社会的な存在

もしわたしが今とは別の顔をもって生まれていたとしたら、わたしの人生はまったくちがったものになっていたにちがいない。そう思うほど、《顔》はわたしたちの人生を大きく左右している。

少しでも良い顔をしていたい、チャーミングでありたい、それが、顔に「こだわる」わたしの偽わらざる本音である。けれどもこの「良い」顔というのがまたわかっているようでわからないのだ。ときどき取材などで顔写真をよこせと言われる機会があり、ありあわせの写真のなかから選ぶのだが、自分が良いと思う写真と、他人（ひと）が良いというそれとがちがう。選んでくれた友人のいわく、「キミ、自分の顔のチャーム・ポイントを知らないんだよ」。言われて、そうなのかなあと思いつつ、深いところで納得がいかない。

おそらく、セルフ・イメージということがあるのだと思う。自分で自分の顔を選ぶわたしは、「見られる」ことを意識して、《他人のまなざし》を自分の眼にしているつもりなのだが、その他人が「ソレ、外れ」と言うのだから、コトはややこしい。それなりに他人に愛される顔を探しているつもりなのに、本人には「ソレ」がわからないのである。自分の顔というのは自分がいちばんわからないものなのかもしれない。要するに、《顔》というものは他者の「認知」という問題をひきよせるのだ。顔とは他人のために存在するもの、徹底的に社会的なものなのではなかろうか……。

実をいえば、そういう疑問をずっと以前から抱き続けていた。《美貌》という現象に人一倍興味があって、「美貌学」というエッセーを書いたりしたほどだ。日常茶飯にこれほど「気がかり」なこともないほど気になるものであり、しかも絶大な《力》をふるって人生を左右するものなのに、それを論じる学問はおろかまともな論さえないことを不満に思っていたのである。

そこへ、「顔学会」が発足したという知らせを聞いた。やっぱりというか、やったぜというか、我が意を得たりである。

そして、改めて思う。なぜ《顔》なのか、と。

脚でも胸でも手でもなく、なぜ《顔》写真なのか？　美人コンテストから指名手配まで、社会的認知をひきよせるのは身体のどの部位でもなく《顔》であるのはいったいなぜか？　ぼんやりと、ひとりで「美貌学」のようなものを考えていたときには明瞭になってなかった「問い」が改めて自分のなかに浮上した。十九世紀の観相学から現在の美男メイク・ブームにいたるまで、やはり顔は身体のなかでも圧倒的に情報量が大きく、すみからすみまで社会的な身体なのだろう。

さらにまた、顔の問題は性差の問題をもひきよせる。顔が人生を左右するのは圧倒的に女であって男ではない。あるいは、橋本治ふうに言えば、顔によって人生が変わるようなひとは、解剖学的性別にかかわりなく、《女》なのである。それというのも、良くても悪くても、自分の顔のことをジョークの種にできるのはまず男性であるからだ。男性にとって顔というのはそれほどシーリアスではなく、人生を決したりしない。ところが女性にとって自分の顔はジョークにするにはあまりに重い話題である。明らかにそこには性差がある。

こう言いながらわたしが想起するのは、たとえば『怪盗ルパン』である。ご存じルパンは変装の名人、次から次へとメイクで顔を変え、まんまと他人になりすます。他人の眼をあざむくその快楽はルパンものの魅力のひとつだが、その快楽がただただ痛快なのはルパンが男だからであって、もしそれが女を主人公にした読物だったら、変装のニュアンスはまた別のものになっているだろう。認知の問題は必ず「性」認知をひきよせずにはいないのである。

ことほどさように、おしゃれから犯罪まで、人生についてまわる《顔》。その顔がまともに論じられる時代が来たことが本当にうれしい。

（一九九五・四・二一）

なぜ美人は〝美人〟になったのか

編集部からわたしにあたえられた問題はスゴイものでした。「なぜ現代の美人は《美人》になったのか」。とてもではない、わたしごときに「お答えします」のできる問題ではありません。それはもう、「なぜ現代のゴキブリは《ゴキブリ》になったのか」がわからないと同様、ワカリマセンと言いたくなってしまうのですが、ちょっと問題を変えて次のように言いかえると、とたんにワカッテしまうからふしぎなものです。

すなわち、なぜ現代の美人は《美女》になったのか。こう聞かれれば、もう、あなたにも「ははぁ〜ん」ときたでしょう？

これまで美人と言えばすなわち美「女」のことであり、美「男」ではありませんでした。美人とは「美しい人」であるにもかかわらず、この「人」をもっぱら女が独占していた。これがそもそものマチガイの始まりなのです。

なぜ現代の美人は美女になったのか？　なに、なぜもへったくれもありません。女ならだれでも美人なんです。カテゴリーとしていっせいに上げ底されて、女というだけでもう「色」をかけてもらえる。スタートから男はすでに負けています。女のほうは女というだけで色メガネでみられるのですから、あとはもうさまざまな色のヴァリエーションを楽しめばよいわけ。オジョーサマ風だろうと、キャリアウーマン風だろうと、なんでもござれです。メイクしたってしなくったってあなたの勝手。すべて《女》という制服のデザインの差異でしかありません。つまり女だけが《美人》の権利を独占したのが近代の「制度」というわけです。この制度があるから、女は安心して、それぞれ自分の色を楽しめる。そういう意味じゃ、エコロジー美人とかなんとか、いろいろ女性雑誌が書きならべる「〇〇美人」のたぐいはすべてひっくるめて「制服の美女」なわけですね。

ついさきごろまで、この制度は性差別だという議論がさかんでした。メイクやおしゃれは、男に媚びるため女に課せられた義務であるっていう、例の議論。「見てくれ良い」のはひたすらトクをして、ブスはしいたげられるなんてゆるせないという議論です。これもたしかにもっともな議論ではありました。女は男に買われなきゃ生きてゆけない時代でしたし、良い値がつく第一条件が美女であることでしたから。なお、念のため言っておきますが、「買われる」という点では主婦だろうと、クロウトさんだろうとまったく同じです。終身雇用かパートかの差でしかありません。この点にほおかむりして、「性の商品化」ケシカランなんておっしゃる女の方々、いったいどうなってるんでしょうね？　もしかしてこういう方々頭がブスなのではないかしらなどと、過激なわたしはついつい思ったりするのですが、ま、この点深入りすると枚数が足りなくなりますのでよしておきましょう。

「制服の美女」に話をもどします。男は男だというだけで、「色」をかけてもらえない。つまり男には色ぬきの制服しかあてがわれてこなかったわけです。男はどれほどきれいだろうと《美人》だとは言ってもらえない。男は男というだけでブス、それが制度だったんですね。だから男たちがキレイになろうと思えば、無から始めなきゃならない。女装してみたり、ギャルのまねしてみたり、せっせとエステに通えども、かれらには制度という「安心理論」がありません。男と女はまったく不平等、あきらかに性差別ですね、これは。

しかしまあ、なんで皆そんな大枚はたいてエステに通い、キレイになろうとするんでしょうか。キレイなほうがトクだし楽しいからですね。女の子はみなキレイ、生活環境もみなキレイなのに、自分たちだけブスなのはたえられないってとこでしょう。かれらは《お人形さん》になりたいのかもしれません。昔は言われたものでした。女は人形だ、ニンゲンじゃない、って。たしかに人形は美しく、歳をとらない、「永遠の美人」です。生き物じゃありませんから、人工美のキワミです。そして、この人工美がやたらウケるのが現代です。商品も会社も「もの」なんてもはや問題ではなく、ひたすらイメージ第一です。「イメージ良いは七難隠す」現代です。だから男はワリをくっていると感じざるをえない。「わたしも人形になりたい」と思って、メイクだのグルーミングだのおしゃれにはげむのでしょう。

一億総人形化時代がやってきてるのかもしれません。カワイイものがひたすらウケて、キタナイものが嫌われる。平成ニッポンはピカピカの清潔ファシズムです。クリーンじゃなきゃ美人じゃない、なんですね。で、いちばんクリーンな美女となれば、メディアのスクリーンのなかに現われる美女にかなうものはありません。毎日なんとなくそのきれいなイメージを見ていると、いつの間にかひとは自分が見ているものに似てきます。無意識に似てくる。この「無意識に」ってのがポイントなんですね。メディアに浮遊するイメージ群がサブリミナルに働きかけてくる。イメージがひとを誘惑するのです。現代がイメージ資本主義とも言われたりするゆえんです。

そういえば昔、クロウトさんとシロウトさんの区別があるかのような幻想がまだはびこっていた時代は、《娼婦性》ということばも生きていた時代でした。貞女が死語となったのと同様、いまやこの娼婦性も空語になっておりますが、それも当然のことでしょう。なぜならいまや誘惑的なのは生きた女じゃなくて商品だからです。商品世界が娼婦的なんです。

「性の商品化」以上に「商品の性化」がさかんな現代です。商品のコマーシャル・イメージはみな美しい娼婦。ひっきりなしにメディアのなかに現われる《美女》はたくみに人びとを誘惑します。「私のようになりなさい、キレイな人形になりなさい」と。誰もがこのイメージの誘惑に抵抗できなくて、人形願望にそまってしまうのですね。その人形には、もはや性別もありません。アンドロイドはトランスセクシュアルですから。

ただし、これまた念のために言っておきますが、生きた血の通わない人形が「自然」からはるかに遠いのは確かですし、み〜んなが鏡にむかって「鏡よ、鏡、この世でだれがいちばん美しい」をやっている光景なんて、オタッキーのきわみにはちがいありませんが、だからといって、それじゃ「不自然」だから、自然にもどろうなんて議論するひともまた、頭のおかしいひとですね。まさかそのひと、女だけが鏡にむかって《美女》をやってた光景が自然だったと思っているのじゃないでしょう。そんなふうに思うひとは、たいてい、ノーメイクが「自然」だなんて思っていたりするんですね。メイクしてようがしていまいが、《女》という制度が色をかけてすでにメイクをほどこしているのだなんてこと、考えもしない。もう、こういう方は、頭の中を朝シャンやってほしいものです。ま、やっても無駄でしょうけど。

これからは、「男も美人になる時代」です。その《美人》が自然でないのは、これまでの《美女》が自然でないのとまったくおなじです。すべては文化であり、現代の文化は、「イメージの帝国」なのですね。ファッションがファッショになっている時代です。このヤワな帝国主義はどんなハードなイズムより強い。イズムは「説得」しようとガンバリますし、ダサイ「団結」をよびかけたりなんかしてしまいますが、ファッションの誘惑は決して説得したりしません。楽しさをふりまくのです。なんでも「快楽がいっぱい」にしてしまうのです。強制しない強制なんですね、快楽価値の優位ってのは。

ボーっとして、なんか楽しそうだな〜と思っているうち、メディアの誘惑にのせられてしまう。メディア帝国の発信するサブリミナル効果は抜群、気がつけばみ〜んな「眠れる森の美女」的状況なのかもしれません。ことほどさように、ディズニーランドのシンデレラ姫には誰も勝てない現代なのです。

女だけが《美人》だった近代の制度がゆらぎはじめて、《美人》が性の境界線をこえようとしている矢先、その美「人」は果してヒトなのかサイボーグなのか、こんどはそちらの「人」問題が議論のポイントになってきそうな気配です。ほんと、うまいこといきませんね。

（一九九一・五）

エフェメラの誘惑

ボードレールのモダニズム

あらわれては消え、刻々と移りゆく、瞬時の美。絶えず変化してやまない、つかの間《エフェメラ》の《今》の美しさ。このエフェメラの美がモードの夢幻劇を織りなしているが、私たちが永遠のモニュメントや不滅の芸術より、むしろこのエフェメラの輝きに魅せられ、今と戯れるファッションの快楽をいわば自明な欲望のように生きはじめたのはいつのころからだろうか。

過剰のあるところ、モードの人工劇場はつねに存在してきた。高価なレースや刺繍でその装いを飾り、華美を競いあった貴族たちの宮廷社会は、華麗な衣装のつくりなすスペクタクル空間であった。けれども、その閉じた劇場空間が都市という匿名空間の全域に開かれ、都市全体がモードの舞台になってゆくのはむろん近代のことである。「シック」「シンプル」というモダンの美意識が「華美」という貴族の美意識を決定的に葬り去ってしまうとき、そのときから近代モードがはじまり、エフェメラの誘惑の時代がはじまる。

華美からシックへ、エリートから大衆へ――とりあえずこの移行過程を《黒》というメタファーでくくってみよう。華美な色彩を消す、シックの黒。そして都市を行きかう群衆の、匿名の黒。するとただちに浮かびあがってくるのが、語のあらゆる意味でこの黒を生きた一人の詩人である。もちろんボードレールがその人だ。かれとともに、黒の時代が幕をあける。絶対的シンプリシティこそ装いの粋であるとし、黒服のヒロイズムを謳ったボードレールのモダニズムはあまりにも名高い。

燕尾服はこれまでひどく嘲笑されてきたものだが、その上着にもそれ固有の美しさと魅力がありはしないだろうか。それは、われらの悩める現代、黒い痩せた肩にまで絶えざる喪の象徴を担っている時代に不可欠な衣服ではないのか。燕尾服やフロックコートは、普遍的な平等の表現という政治的な美だけでなく、大衆の魂の表現という詩的な美しさをも持っていることに留意してほしいものだ。――葬儀人夫の長い行列、政治の葬儀人夫、恋愛の葬儀人夫、ブルジョワの葬儀人夫。われわれはみな何かの埋葬をとりおこなっているのである。

（「一八四六年のサロン[1]」）

現代生活のヒロイズムを謳いながら、じつはヒロイズムの《喪》を語りだし、ヒーローの不在を語っているアイロニカルなこの文は、モダン・エイジの群衆の時代の到来を告知している。したがってこの黒服は、みずからもまたその一人として群衆のなかに紛れこみ、都市を徘徊する遊歩者のまとうマントである。そのマントに身を包み、群衆のなかに隠れた遊民は、みずからは他に見られることなく他を観察する。「観察者とは、いたるところでお忍びを楽しむ王侯だ」。この遊民の足の向かう先は、パッサージュという商品の展示場である。

パッサージュの市場のなかの旅は、物みなすべてに目を向けながら、なに一つ手を触れぬ《眼》の旅であり、好奇心の旅である。すべて《新奇なもの》がこの遊歩者の目を奪う。新しいものに対するやみがたい好奇心。「好奇心は、宿命的な、抗いがたい情熱となったのだ」（同）。好奇心というきわめて現代的なこの情熱によって、ボードレールのモダニズムは、現代主義からさらに「現在」へと向かう。現在の美、《今、ここ》のきらめき、刻々と過ぎゆく《今》の美しさ。「現在が表現されたのを見てわれわれが味わう喜びは、現在が身にまとうことのできる美から来るだけでなく、現在が現在であるという本質的な特徴からもきているのだ」（「現代生活の画家」）。

現在の喜び。それは、「一時的で、移りゆく、偶然的なもの」の瞬時の輝き、つかの間の《今》の輝きに魅了される、子どものような喜びである。「子どもはすべてを新しいものとして見る。（…）

かれら子どもたちが新しいものを前にして動物を思わせる恍惚としたまなざしを注ぐのは、ほかでもない、この深くて喜びに満ちた好奇心のせいなのだ」（同）。

そのつど新しい、エフェメラの誘惑。新奇なものへのこの惑溺によって、遊歩者はモードの賛美者となる。パッサージュとは、ファッション空間以外のなにものでもない。群衆の黒は、そこにエフェメラの美が浮上して輝く、《地》の色である。商品とそのつかの間のきらめきが、パッサージュ空間の真のヒーローとなるのだ。たえず変化しながら、新奇な光景をくりひろげてゆく、移ろう今の美しさ。黒の礼賛によって華美の美学を葬り去ったモデルニテの詩人は、群衆の黒と一つになり、その黒を背景に浮かびあがるエフェメラの輝きに幻惑される人、つまりはモード礼賛者となる。このボードレールと二十世紀末の消費社会に生きる大衆《マス》との間には何の距離も存在しないといっていいだろう。

視線空間・パッサージュ

パッサージュは、商品のエフェメラの星々がきらめく空であるとともに、ガラス天井によって遊歩者を包みこむ、閉じられた宇宙でもある。天にガラスをいただき、通路にショーウィンドーの並ぶその空間のなかでは、「驚く」ことと「夢見る」こととが共存している。「It is happiness to wonder. 《驚かされることは幸福だ》。けれどもまた、It is happiness to dream. 《夢見ることは幸福だ》……《美》

はつねに人を驚かす」（一八五九年のサロン」）。

美は常に人を驚かす――このときものを見ることが驚きであり、美であり、夢であるのは、その視線が常にガラスごしのまなざしであるからだ。遊歩者＝消費者のまなざしは、すべてのものをガラスごしに、オブジェとして見る。その視線は、ものの表層をなでてゆく。「すべてを見ながら、何ひとつ触れず」、見ながら同時に夢見ているのだ。このガラスごしのまなざしあればこそ、ものみなすべてが美に輝き、そのオブジェとしての不思議さで人を驚かす。C・ビュシ＝グリュックスマンの『バロック的理性と女性原理』がいうように、パッサージュとはまさに「視の帝国主義」の空間であり、この視線の対象となるとき、ものみなすべてはモードと化して、エフェメラの美に輝く。表層の美、つまりはファッションの美に。

パッサージュはこうした魔術的なガラス空間だが、ガラスというこの透明な装置は、パッサージュを離れても、見る者の眼の装置となってそのまなざしにはりつく。黒い（見えない）群衆がこの装置である。ベンヤミンが、ボードレールにとって群衆とはヴェールであり、詩人はこのヴェールごしにパリを見たのだというのはこのことである。

遊民から見ると、この都市はヴェールがかかって見える。大衆がそのヴェールであって、それは《古い首都の曲がりくねった路》を、川のように波打ってゆく。戦慄すべきものがかれに蠱《こ》惑《わく》的な作用を及ぼすのは、このヴェールのせいである。[2]

群衆というこの動くヴェール、見えないガラスごしに都市を見るとき、「ものみなすべては、恐怖でさえも、魅惑と化し」、行き交う人も物もすべてが新奇な衝撃に満ちたスペクタクルとなって、都市全体が一つのピクチュアレスクな風景と化す。ボードレールが「群衆の人」コンスタン・ギースによせて語ることばは、ボードレール自身、そしてものみなすべてをエフェメラの美において見る、二十世紀末スペクタクル都市に住む私たちの眼の構造であり、モードの快楽に酔う私たちの感性にほかならない。

こうして、万人の生を愛する人は、巨大な電流の貯蔵庫に入ってゆくように、群衆のなかへ入ってゆく。この人をまた、相手の群衆と同じほど巨大な鏡にたとえることもできる。またこのかれを意識をそなえたカレイドスコープといってもいいだろう。ひと動きごとに、多面的な生を映しだし（表象し）、生を織りなすあらゆる要素の動的な魅力を表象するカレイドスコープなのだ。

（「現代生活の画家」）

ものみなすべてが表層と化し、オブジェと化すとき、それらの移ろいゆく光景は、一瞬ごとに光景の変わるカレイドスコープをつくりなす。つぎつぎとくりだされてくる変幻自在なカレイドスコープの、そのつど新奇な光景の魅惑。「現在が現在として表現されていることへの喜び」とは、このカレイドスコープを見る《視》の快楽であり、この視の快楽がモードであることはもはや多言を要しない。

新奇な「今」と滅びゆく時

こうしてボードレールのモダニズムは、リニアーな時の進展に楔を入れ、時をバラバラな断片と化して、どの瞬間も等価な絶えざる現在の連続に——すなわちエフェメラの今の連続に——変えてしまう。つまり世界をモード化するのである。ふたたびC・ビュシ＝グリュックスマンのことばを借りれば、ボードレールの「モデルニテとは、新しいもののエロス化を絶えまなく行ってゆく演劇性」なのであり、この《新奇なもの》の誘惑が世界を覆う。好奇心は現代人の「宿命的な、抗いがたい情熱」となり、私たちは逃れようもなくモードの世界を生きている。おもいがけないもの、新奇なものは否応なく私たちをとらえてやまない。ナウさの誘惑。この抗いがたい誘惑に駆りたてられながら、世界は果てしなくモードと化し、ものみなすべてがエフェメラの輪舞を踊る。

けれども、そのつど新しいものは、つぎの瞬間にはただちに新味を失って、またたく間に古いものに変わってしまう。今の輝きは、まさにつかの間のものである。表層の美、ファッションの美しさは、容赦ない陳腐化《オブソレッセンス》の法則にしたがっている。「今」は、つぎの瞬間にはもうすでに「過去」と化してしまう。モードの都市にはいつもあの《忘却のレテの河》が流れている。刺激と倦怠は常に背中あわせなのである。だからこそ子どものような好奇心にあふれた詩人は、同時にまた、癒しがたい倦怠に沈むスプリーンの詩人でもあるのだ。

その気になれば地球を廃墟と化し、あくび一つに呑みこんでしまうことも、やりかねない、
それ、それが《倦怠》というやつだ！

（「読者に」）

新奇な「今」はつぎの瞬間にはすでに「廃墟」である。ナウさの輝きはたちまちにして滅びてゆく。刻々の今を生きるエフェメラの時間意識は、時のリニアーな連続を断ち切り、断片と化してしまう。ベンヤミンがいうように、それは、近代の進歩発展の連続的な時間意識とはまったく異質なものである。「それは他の日々と結びついているのではなく、むしろ時間から屹立している」のだ。

こうして時間は、一分ごとに、僕を呑みこんで行く、
はてしなく降る雪が、凍えた体を埋めて行くように。

（「虚無の味」）

「スプリーンは現在の瞬間とその直前に生きられた瞬間との間に数世紀を置く。……スプリーンは永続的カタストロフィーにふさわしい感情である」。

新奇なものにひかれ、《今》に生きる詩人は、刻々と降り積る雪のように、その今を忘却の淵に追いやり、過去と化してしまうカタストロフィーの連続を生きている。ボードレールの内部には、刻々と廃墟と化してゆく時の破片がうず高く埋もれている。だからこそ新奇なものに魅せられるこの詩人は、同時に比類ない「思い出」の詩人でもあるのだ。エフェメラの時、滅びゆく時を愛するボードレールは、廃墟を愛してやまぬ詩人であり、その脳髄は、思い出という時の破片の数々を容れる容器にほかならない。

僕は千年生きたより、なお多くの思い出を持っている。

(…)

僕の脳髄はピラミッド、巨大な地下の納骨堂だ、
共同墓地よりも数多い屍を埋めている。

(「憂鬱」)

こうして断片と化した過去は、だからこそまた詩人の思うがまま、自在に、今に浮上する——あのはかないエフェメラの輝きと美をもって。ベンヤミンがいうように、ボードレールの詩の美しさ

をつくりなしているのは、この「深淵からの浮上」である。廃墟と化し、忘却の底に沈んでいた光景は、記憶の魔術さながら、めくるめく美しさをもって「今、ここ」に蘇る。《今》と《新奇》の詩人は、同時に《レトロ》の詩人なのだ。そしてかれのその「思い出の容器」は、あのパッサージュがそうであったのと同じように、ガラスでできている。ガラスごしに、スペクタクルとして見ればこそ、古びた過去は現在と等値な価値をもって浮遊し、表層の美に輝くのだ。

荒れた屋敷でクモの巣だらけの黒い世紀の
匂いを放つ古ダンスなどをこじ開ける時に、
昔を思い出している古びた香水壜が見つかるものだ、
中から昔の人の魂が生き生きと蘇って、
(…)
それから今、翼を伸ばし、空へと飛び立つ、
青に染まり、——薔薇色に映え、——金色に塗られて。
(「香水壜」)

けれども、こうして記憶の魔術によって今に蘇る過去は、「栓の抜けた香水壜」そのままに、アウラを失っている。思い出という《反復》は、一回性の体験に固有のアウラを崩壊させるのだ。回

想によって蘇る過去は、「萎れた薔薇」でしかない。今に浮上し、くりかえされる過去は、「栓の抜けた香水壜」であるほかなく、そのアウラは反復のたびごとに薄れてゆくものでしかない。エフェメラのいまに蘇る魂の青も薔薇色も金色も、そこに輝く美は《虚》の美である。

シック・シンプルの美学と女らしさの誇示

反復によるアウラの崩壊。たえずくりかえされる今——つまりそれがモードそのものだが——この刺激の反復は、新奇なものへの興奮と倦怠を一つにむすび、体験そのものを崩壊させてそれを疑似体験と化してしまう。事実、思い出 souvenir とはまた記念品でもあり、土産物でもある。ベンヤミンの語るとおり、「記念品とは世俗化した聖遺物」であり、「体験の補完物」なのだ。たえず今を追いかけて今に追いぬかれ、永続的カタストロフィーの法則——陳腐化の法則——にしたがうファッションが、この記念品と同じものであることはいうまでもないだろう。まさに「流行とは新奇なものの永劫回帰である」。ファッションの青やピンクのエフェメラの輝きは、瞬時の美に輝いてはただちに廃墟と化し、アウラなき記念品の輝きを放ちながら、ネオとレトロの永劫回帰をくりかえしてゆく。

ボードレールの世界は、そのボードレールの廃墟を遊歩するベンヤミンの世界と同様に、アウラの崩壊したこのモードの世界へのウィとノンの両義性に満ちている。あの商品の展示場、パッサージュにならぶ品々は、アウラなき虚の美に輝いていた。遊歩者ボードレールはその虚の美を暴きつつ同時にそれにひきつけられている。たとえば、商品のアレゴリーである娼婦をかれはつぎのようにうたう。

お前の眼の輝きは飾り窓か、
縁日で燃えるちょうちんにうり二つ、
美の法則などてんで知らぬくせに、
借り物の力をそこらじゅうにひけらかしている。

（「お前にすべてこの世を」）

そしてボードレールはその借り物《シミュラークル》の輝きに魅せられている。ベンヤミンもまたしかり。ベンヤミンは、すべてがモード化してゆきつつある第二帝政の世界をパッサージュというスペクタクル空間に見ながら、その論の末尾をこう結んでいる。「ボードレールは近代人がその興奮《センセーション》の代償として支払わねばならない代価を表示した。すなわち、衝撃《ショック》を味わいつつ生きる体験によるアウラの崩壊である。この崩壊への同意はかれにとって高いものについた。しかしその同意がかれの詩の法則なのである。ボードレールの詩は第二帝政の空に《大気なき星座》としてきらめいている」。

ボードレールのモダニズムはその現在主義によって進歩発展の近代をつきぬけ、ポストモダンの時間意識につうじている。「大気なき星座」のきらめき――それこそポストモダン都市のモードの光景そのものであろう。

事実、第二帝政という消費社会の幕あけの時代に、いちはやくボードレールが感知した世界のモード化は、ファッション産業のめざましい発展としてその後の歴史に具現されていった。かれが黒の美を謳ったその時代は、現代にいたる紳士服のスタンダードが形成されていった時代であり、同時にまた紳士服の「黒」と対照的に、女性ファッションの領域で華麗なオートクチュールの世界が花ひらいた時代である。ウォルトがオペラ座近くにメゾンを開いたのは一八五八年、『悪の華』出版とほぼ同時期のことであった。

リポヴェツキーの『エフェメラの帝国――西欧近代におけるモードとその運命』は、この近代モードの展開をポストモダンの現在にいたるまでフォローしながら、その思想的意味を問うた画期的なモード論だが、リポヴェツキーはボードレールのモダニズムのもつ意味をさまざまに強調している。まずは貴族的美意識の終焉、そしてオートクチュールの美学の終焉という二重のコンテクストで。

ボードレールの《黒》は、貴族的な華美の顕示にたいするシック・シンプルの美学であり、モダンな個の表現のマニフェストであった。事実、紳士服はこれ以後ますますダーク・トーンを基調にし、没個性的な黒という皮肉な展開をみせながら、まさに群衆の色を実現してゆく。男性ファッションの領域では華美・豪華という貴族的美学は急速な終息をみるのである。これに対し女性ファッションの領域では、ウォルトとともに幕あけしたオートクチュールの世界が、華麗な美の顕示ショーとなり、名高いクリノリン、コルセットをもちいた「女らしさ」の誇示の舞台となった。

地位の顕示の解体とファッション感覚の論理化

けれども、ベルエポックのポワレ、そして一九二〇年代のシャネルの登場によって、女性モードもシック・シンプル革命を経験してゆく。「以後、贅沢の誇示は悪趣味となり、地味さと非装飾性が真のエレガンスとして確立される。女性ファッションはデモクラシーの時代に入ったのである」[3]。シャネルはオートクチュールの世界のなかで、アンチ華美、アンチ・コルセットをうちだし、その後の反オートクチュールの美意識を創始した。

シャネルの長袖の黒い簡素なドレスについて、一九二六年のアメリカ版『ヴォーグ』は、「これぞシャネルという署名のフォードだ」と結論している。貴族的なけばけばしさの対極に、近代デモクラシーのスタイルは洗練されたしなやかなシルエットと、意図的に地味な「ユニフォーム」の内に実現されてゆく。(…)これ以後、金持らしく見えないことがシックということになる。十九世紀に男性の領域で明らかになったことが、まったく別のかたちで女性の世界で実現されたのである。

女性モードもいわば《黒》の革命を経験したのであって、同時にそれは女らしさからの解放であり、「黒の越境」でもあった。

リポヴェツキーは一九五〇年から六〇年にかけてのプレタポルテのめざましい進展が、「ファッションを街へ」というシャネルの民主主義的刷新を継承しながら、それをユニフォームから多様化へと移行させていった過程とみている。キャシャレルのシャツ感覚のブラウス、マリー・クワントのミニ、エマニュエル・カーン、ドロテ・ビスたちのカジュアルなコンセプトなどとともに、六〇年代以降、プレタポルテは「《階級》的完璧にむかわず、大胆さ、若々しさ、新しさの方向にむかってゆき、いわばみずからの真理に到達したのである」。カジュアル、シンプル、快適さ、反権威と冒険性。以後ファッションはひたすらこの傾向をたどって大衆化してゆくが、その民主主義的性格以上にリポヴェツキーが強調するのは、モードの領域における絶対的なモダン・マインドであり、「新しさ」の力である。新しいものは、美しい——権威よりナウさ、である。この《今》の力の誘惑をぬきに近代モード現象はありえない。ボードレールのモダンが近代であるとともに「現在」であったように、ファッションは今というエフェメラの美を追いかける。

新しさという、現代の私たちがほぼ自明なことのようにみなしている価値が、それほど長い歴史をもたない近代的価値であり、しかもそれは「地位の顕示《ディスタンクシオン》」というコードを解体させるもう一つのコードとして出現してきたのだというリポヴェツキーの主張は、モードを長期的持続において考察する方法ならではの説得力がある。新しさの誘惑、新奇なものへの好奇心は、ボードレールにみたように絶対的にモダンの現象であり、このナウさの誘惑は権威の力を解体する腐食力をもっている。地位、富、権威といった社会的差異現象（ディスタンクシオン）は、「古い」というレッテル一つであっさりとその力を失ってしまう。こうしてファッションは、新しさを至上のコードとしてゆくのだ。「デザインとは絶対的に近代的なるもの《モデルニテ》への賛歌であり」、「デザインに《現在》という時制以外の時制はない」のである。

モードの帝国では、何にもまして新しいものが大きな文化的力をもつ。この事実を強調しないわけにはゆかない。新しいものの果たすこの社会的意味作用に較べれば、諸階級間の競争関係などたいしたものではない。新しさは、おのずから、異なるものを好むように人々を駆りたて、繰り返しにさっさと飽きを起こさせ、なかばア・プリオリに、変わるものを求めるようにしむけてゆく。産業製品の「統制的」陳腐化の論理は、たんに資本主義のテクノストラクチュアーの所産ではなく、大多数の人々が新しさの輝きにひかれる社会に結びついているのである。

ナウさの誘惑。たえず新しい今を追いかけ、変化を愛し、エフェメラの輝きに魅せられる社会。

好奇心は現代人の「宿命的情熱」なのであり、モードの世界には、もはやつぎの瞬間に今を過去にし、新しいものを古いものにするあのレテの河が流れている。権威よりナウさ。富よりナウさ。ファッションは富や地位の記号である以上に、ナウさの追求である。リポヴェツキーのモード論の最大の意義は、ヴェブレンやボードリヤールの「差異の記号」論を批判しつつ、わたしたち大衆《マス》が日々生きているこのファッション感覚を理論化したことにあるといっていいだろう。そのつど新しいものを求める消費社会の現在主義――それが伝統的価値を崩壊させながら、近代デモクラシーをもたらしたのである。

けれども、その新しさの追求がデザイナーやクチュリエの「主導」の産物であり、ファッション産業の統制の結果であるかぎり、そこには一方による他方の「啓蒙」というシェーマが残り、消費者はしょせんエリートに躍らされる大衆でしかない。リポヴェツキーのもう一つの主張は、六〇年代のミニ旋風を最後に、このようなデザイナー主導型の「啓蒙」の時代は終焉した、というものである。

唯一のモデルに多数がしたがい、結局は全員がみな似てしまうファッション競争はもはや終息を告げ、以後八〇年代末の現在にいたるまで、モードはひたすら多様化の一途をたどっている。六〇年代のジーンズや七〇年代のパンクがなおも反モードという政治的コノテーションをもっていた時代から、いまや高度消費社会の豊かさとともに、あらゆるスタイル、あらゆる様式が等価にならび、唯一のモデルが消滅して、過剰なまでの選択の時代が到来している。ポストモダンはまさにハイパー選択の時代である。この間の推移を人びとの「模倣法則の転換」とも表現できるだろう。「コスチュームの時代には、人々は少数の人間を模倣したが、全面的に模倣した。現代の社会ではそれが逆転している」。いまや人びとは多数のモデルのなかから、好きなパーツを選んで模倣する。消費者のオプションの時代である。この選択の多様性とともに、モダン・エイジのパラノイア的なナウさの追求と、スタイルの画一性は終息をみる。パンクもお嬢様ルックも「趣味」の相異として等価にならぶ徹底的なスタイルの多様化とともに、ポストモダンの現在主義は、ナウさとの戯れ、エフェメラの愉しみ、面白主義に変貌していっている。その意味では狭義のモードの時代は終わったといっていい。

モードの速度の緩和とともに、古い・時代遅れ《デモーデ》／「ただいま流行中《ア・ラ・モード》」という明瞭な対立はうすれ、二つの境界線はぼやけている。おそらくなんらかの最新流行はつねに存在するにちがいない。けれども、その社会的な現れかたはこれまでほど明白ではなく、さまざまなクチュリエたちと多様なルックの過剰な混在のなかに姿を消してしまっている。

ポストモダンのファッションは一人ひとりが「好み」のルックを選び、ネオ、レトロと戯れるコラージュの快楽である。重要なのは、デザイナーやクチュリエの「啓蒙」ないし「調教」の時代が終わったということであり、リポヴェツキーの書の一節のタイトル「セルフ・サーヴィスの啓蒙」が端的にそれを語っている。かれのいう誘惑原理とはすぐれて指導原理にアンチする概念である。エフェメラの誘惑を楽しみながら、各自がそれぞれ好みのルックを演じる時代。そのポストモダン・エイジのエートスは快楽主義であり、現在至上主義である。もはや人は他人に似るために装うのではなく、自分の快楽のために装う。歴史的価値を追わず、今・ここに在るエフェメラの自己をたのしむナルシスたちの時代である。進歩を追い、達成価値を信じた近代をくぐりぬけて、時を断片化するボードレールの現在主義はポストモダン・エイジにつながっている。

過剰選択時代と模倣法則の転換

けれども、ボードレールがスプリーンの詩人であったのとは対照的に、ポストモダンのナルシスたちはネアカである。アンチ啓蒙の快楽主義は、ファッションの領域だけにかぎられない。高度消費社会のマス・カルチャー全体が、広義のモード社会である。エフェメラの今の魅力、したがってオブソレッサンス（陳腐化）の論理、「啓蒙」に代わる「誘惑」原理は、服飾だけでなく、マス・カルチャー現象の全域におよんでいる。いまや文化全体がモード様式にしたがって作動しており、狭義のモード＝ファッションの終焉は、社会全体のファッション化である。

ファッションの方式にしたがいながら、マス・カルチャーは次第に現在という方向に向かいつつある。……なによりまずマス・カルチャーの明白な目的は、一人一人の個人の直接的なレジャーに在る。高級な諸価値をたたきこみ、精神を高め教化するのでなく、楽しませることが問題なのだ。……痕跡も残さず、未来もなく、大した主体の参与もないマス・カルチャーは、生きた現在に存在するように出来ている。夢や警句のように、マス・カルチャーは、そもそもからして、いま・ここを大事にし、その支配的な時制はまさにモードを支配しているのと同じ時制なのだ。

空虚なナルシスのライフ・スタイル

いま・ここで面白いものがマス・カルチャーである。メディア文化を筆頭に、マス・カルチャーは、モノ、言説を問わず、まさにモードと同じ誘惑原理、快楽主義、現在主義から成っている。けれどもトクヴィル派のデモクラシー論者リポヴェツキーの主張は、このような社会のモード化とその諸原理が決して精神の退嬰化でもなければ衰退でもないということだ。ポストモダンのこの「セルフ・サーヴィスの啓蒙」は啓蒙の深化であり、真に多様で非画一的な個の成熟なのである。ニーチェのいうあの「道徳」の時代、調教の時代はモダン・エイジで終わったのであり、ポストモダンは非調教的でソフトな啓蒙の時代なのだ。それは啓蒙の終焉ではなく、啓蒙の完成なのである。セルフ・サーヴィスの啓蒙とは、愉しみつつ各自が自己を啓発し、誰にも似ていない自分をつくりあげてゆく「開かれた」啓蒙といってもよい。「かつてわれわれは信念をもっていた。いまやわれわれは愉しみをもっている」。この愉しみは、理性の教えより教えるところが少ないのではない。それは、画一的調教を終わらせるのである。

モードの非理性は個人的理性の確立に力をかす。モードには、理性におよびもつかぬ、それ固有の理性がそなわっているのだ。

モードの理性によって自己を啓発し、唯一のモデルに学ばず、多様なモデルのブリコラージュをたのしむ個は、アイデンティティに拘束されず、一義的意味に縛られず、その内面に信念を抱えこまない。それは、まさに《空虚な》ナルシスとよぶのにふさわしいライフ・スタイルである。

他者の眼よりも自分のチョイスを優先し、社会的規範を守るより、自分の快楽に熱心なネオ・ナルシシズム。それは、ロマン主義的な「熱い」自我ではなく、他者に適当な距離をもったクールなナルシスたちだ。軽やかに表層の戯れを演じつつ、他者の眼という鏡でなく、「好み」という自分自身の鏡をのぞくナルシス。そのクールなナルシスたちは、他者を遮断して自分を保護し、それでいて自分のルックを他に見せることができるように透明なガラス・ケースにはいっている。

そのガラスのケースのなか、かれらがのぞく鏡には、固定したアイデンティティが映っているわけではない。その鏡にはおびただしい、つかの間のエフェメラの情報があらわれては消えてゆく。それは「空虚な鏡」であり、多数の情報からなる「フローな集合体」なのである。クールなナルシスたちは、自己に熱中することによって社会的価値への自己投資を終わらせるだけでない。かれらは、いわば好んで自己自身をも空にするのだ。あたかも表層以外の自己はなにもないかのように。

かれらの《自我》もまた、そのハイパーな過剰投資によって、逆説的に、蓋をはずし、そのアイデンティティを空にする。(…)いたるところで、重たい現実性は消滅してゆく。それは、脱領属化の究極の形態としての非実体化であって、この非実体化がポストモダンを支配している。[4]

軽くてネアカなポストモダンのナルシスたちは表層の輝きに敏感に反応し、エフェメラの今と戯れながら、メディアのなかを浮遊する。その現在主義のエートスは、もはやモダン・エイジの「彼方の星に願いをこめて」(リースマン)とほど遠い、「今すぐ、すべてを」、である。意味の耐えられる軽さ――『エフェメラの帝国』の一節のこのタイトルが端的にあらわしているように、リポヴェツキーは、こうしてモードが硬直化したイデオロギーを解体してゆき、モード社会がデモクラシーを完成してゆく、という。ポストモダンは柔軟でしなやかな個の成熟の時代なのである。「ニーチェをもじって、民主主義的人間《ホモ・デモクラティクス》は深いからこそ軽いのだと言ってもいい。個人主義的原理が確立したからこそ、意味の軽やかな輪舞が可能になったのである」。

自在な変身ゲームと身体のための身体

こうしてネアカなナルシスたちは、全員が「他」を追いかけるパラノイア的ファッション競争からおりて、自分自身の鏡をのぞきながら、クールなルックの快楽をたのしむ。その空虚な鏡には、不動のアイデンティティが映っていないから、自在な変身ゲームをたのしむことができる。選択は過剰なまでに多様であるから、もはやボードレールの時代のあの黒いダンディでなく、さまざまに変幻するカラフルなダンディたちが登場してくるのもスペクタクル都市の近未来の光景かもしれない。事実、『メンズ・ノンノ』以降の世紀末ニッポンは、未曽有のエステティーク・ブーム、ボディコンシャスネスの時代である。今・ここにいる《私》にこだわるハイパー個人主義。このモード社会の底を流れるレテの河、あの倦怠という名のスプリーンは、深層に沈み、時代の気分はあくまでネアカである。

けれども、このネアカなモード社会には、それ固有のメランコリーがあるのではないだろうか。

エフェメラの今に浮遊するスーパーアクチュアルな在り方が唯一の実存感覚になり、ナルシスの快楽が支配的価値になるとき、それは「身体」が至上の儀礼的価値として立ち現れるときである。

社会がネアカな段階に移行するとき、ネオ・ナルシシズムが始まる。それは、高次の権力なき世界の儀礼の最後の隠れ家である。社会的なもののパロディックな価値低下には、《自我》への典礼的な過剰投資が呼応している。（…）《自我》の地位は高められ、ポストモダンの大いなる崇拝の対象となる。(5)

モダン・エイジの個は、その内面に超-主体を抱えこんだ、フーコーのいうあの主体＝臣下であった。その超-主体の命にこたえるべく彼方の星をめざす調教の時代の終焉は、《表層としての自己》の崇拝の時代である。もはや個は、「性」においてそうであったように、自己の抱く欲望を「秘密」とし、そうすることによってかえってその欲望に駆り立てられるという、あの内面の時代にはいない。鏡に映る表層＝ファッションとしての自己の身体を気づかうのである。ポストモダンは過剰な「自己への配慮」の時代である。鏡に映る自分はいつも若々しく、ビューティフルでなければならない。ヘルシーとエステティーク――これこそポストモダン・エイジの至上の価値である。達成価値を信じ、何か「のために」自己を捧げて肉体を忘失するモダン・マインドに代わって、「身体のための身体」がこの時代の神となる。

日々の無数の実践をとおして直接にそれと解読できる、身体へのナルシスティックな投資がある。齢の悩み、皺の悩み。人びとは健康願望にとり憑かれ、「ボディライン」にたえず気をつかい、衛生にとり憑かれている。コントロール（シェイプ・アップ）と手入れ（マッサージ、サウナ、スポーツ、節食）の習慣。日光崇拝と治療崇拝（健康薬品と医療的アドヴァイスの過剰消費）。（…）ナルシシズムは、身体をめぐるこうした新しい社会的想像力の擡頭をもたらす。(6)

ファッションの夢幻劇のどこに亀裂が見出せるか

自己目的となった、身体のための身体――近年の異常なまでのヘルシー・ブーム、エステティーク・ブームはなによりこの新しい身体感覚の到来をあかしている。永遠の若さと美を求めるこの身体崇拝は、死と病いを排除する。メーキャップによって老いという日々の死を覆い隠し、葬儀さえもデザイン化するこの時代は、死を他者として放逐するのだ。死こそファッションの絶対的な他者である。「深いから軽い」とリポヴェツキーのいうネアカ社会には、その軽さの悲劇性があるといわなければならないだろう。エフェメラの今に生きる現在至上主義は、ドリアン・グレイさながら、自分の映る鏡から永遠に死を排除したいという願望にとり憑かれている。「オーガズムの物語こそ消費社会の真のベスト・セラーである」という内田隆三の表現にならっていえば、[7]《不老不死の秘薬》こそポストモダン・エイジのベストヒット商品であろう。内面という病いを病んだヴィクトリアン・マインドの終焉は、ファッションという名の表層の病いの到来である。

「死を排除した持続は、純粋な装飾性という悪しき永遠性をもつ」とベンヤミンは言った。それに対して「ボードレールのスプリーンは赤裸々な廃墟の姿を露わにする」、と。今を至上の価値とするモードは、「いつまでも新しい新たなるもの」の際限なき循環である。ベンヤミンがいうように、まさに「モードは新奇なものの永劫回帰」であり、その永劫回帰は死にメーキャップをほどこして永遠にそれを隠しつづけてゆく。イーグルトンがそのベンヤミン論で語っているように、ファッションとは「死からの逃走」なのである。

商品は、死せる頭蓋であるが、悲劇の髑髏とは違って、自分自身が死せる老であるという認識のなくなった髑髏なのである。あの商品への熱狂の極み、すなわちファッションを前にする時、われわれは死を前にしているのである――つまり、正式な到達点もなく熱に浮かされたように繰り返される再現＝反復《レペティション》、あるいは鏡の無限の配列が映し出す閃光を。（…）商品の鏡に映っているのは、二重の意味での死の不在である。すなわちそこには、死の抹消という意味の他に、死の不吉な空白という意味がふくまれているのだ。[8]

新奇なものの反復によって果てしなく死を隠蔽しつづけてゆく「モードの永劫回帰」。ベンヤミンはその文の後をこう結んでいた。「しかしモードに救いの契機があるだろうか？」と。死を直視するには、ファッションの華麗な夢幻劇が打ち砕かれなければならない。「カレイドスコープは打ち砕かれねばならない」のである。

けれども、どれほど打ち砕いても砕いても、そのつど新しいスペクタクルを形づくり、そのエフェメラの美しさによって私たちを魅了するモードのカレイドスコープから、いったい私たちは逃れうるすべをもっているのだろうか――モードはかぎりなく私たちを《誘惑》しつづけてやまない。その誘惑に屈せずにいるにはあまりにエフェメラの美は美しすぎ、その《虚》の美にあざむかれて、私たちは果てしなく《実》から遠ざかりつつ、もはや《実》の世界にたち戻るすべを知らないのだ。モードは私たちを、死を排除した「空虚なトポス」に囲いこむ。モード社会に流れるレテの河、それは、死をとむらうことができないメランコリーにほかならない。悲劇というにはあまりにも軽い、死の忘失。ファッションは、その虚の美によって死から実（暴力）を奪い、死を空無化するのである。

ファッションによる暴力の隠蔽と忘失――モード社会の底を流れるこのメランコリーを、もう一つの視点から確認しておこう。それは、人が装う動物であるという事実そのものがはらんでいる暴力の問題である。ファッションとはすなわち「衣装」。だが、この衣装を装飾一般にまで拡大して、化粧やシェイプ・アップという身体の「整形」作業を考えれば、それが暴力の作用であることは容易に明らかになる。「より美しく、より若く」という身体の整形は、その根本からして社会が身体にふるう暴力の痕跡なのだ。「装い」は身体に衣装を着せるが、その着せる行為そのものがすでに暴力なのである。そのとき身体は、入れ墨や化粧など、さまざまな文様を記入し、傷痕を彫りこんでゆく一つのテクストと化している。衣装＝ファッションは、こうした身体への書きこみ行為のヴァリエーションにほかならず、セルトーの言葉にならっていえば、「身体に書きこまれる掟」なのだ。[9]しかもそれでいてファッションは、その軽やかさによってこの書きこみの暴力を覆い隠すのである。中沢新一の考察は、装うことのこの根源的な暴力性を良くいいあてている。

衣装はそのエレガンスさによって、二重の禁止をおこなっているのではないだろうか。衣装は入れ墨と同じように、身体というn次元の多様性を禁止して、そこに平面的な「表面」をつくりだす運動に力をかしている。それと同時に衣装は、そのような禁止や抑圧がおこなわれているという事実を直視することの禁止をおこなっているのである。こうして衣装を身にまとうことで、人間はなんの外傷もうけることなしに、やすやすと言語や社会や文化の中に、つまりは制度的なものの中に入っていけるのだ。[10]

モードはそのエレガンスによって幾重にも暴力と死を覆い隠す。エフェメラの輝きは、暴力の痕跡の描く模様でありながら、表層の美しさによってその赤裸な事実を隠しつづけるのだ。こうしてネアカ社会の陽気なファッション狂想曲は、どこまでもレテの河の暗い川音を耳から遠ざけてゆく。リポヴェツキーの語る「モードのポストモダン」は、たしかに「調教」という抑圧の終焉であり、《一つのモデルの全的模倣》から《多のモデルの部分的模倣》への転換にはちがいない。けれども、どれほど模倣法則が変わろうと、模倣のあるところには必ず暴力があり、ポストモダンにはポストモダンの暴力が――暴力の抑止という暴力が――ある。どれほど軽やかで空虚なナルシスも、この暴力の重たさを無にすることはできはしない。

それでも、ポストモダン・エイジのナルシスたちは、「大気なき星座」のようにきらめきながら、ファッショナブルな狂想曲を踊りつづけることだろう。そのカラフルな衣装で、どこまでも死をあざむき、暴力をかわしつつ、ひたすら軽く、陽気な足取りで。モードのエフェメラの輝きは、その誘惑に屈しないでいるにはあまりにエレガントで、美しすぎる。人はいつしかそのつかの間の輪舞の輪に加わりながら、やすやすと死を忘れてしまう――さほどに、到来したポストモダン・エイジは、語のあらゆる意味でエフェメラの「帝国」なのである。

注

(1) ボードレールの引用はすべてつぎによる。Charles Baudelaire, *Œuvres complètes*, 2 vols., 1975, 1976, Gallimard, Paris. 邦訳は、『ボードレール全集』（福永武彦他訳、人文書院、一九六三―六四年）、『ボードレール全集』（阿部良雄訳、筑摩書房、一九八三―九四年）、『ボードレール《悪の花》註釈』（多田道太郎編、京都大学人文科学研究所、一九八六年）を参照した。

(2) なお、ベンヤミンの引用はすべて『ベンヤミン著作集　六』（川村二郎・野村修訳、晶文社、一九七〇年）による。

(3) リポヴェツキーの引用、紹介はつぎによる。Gilles Lipovetsky, *L'empire de l'éphémère*, 1987, Gallimard, Paris.

(4) Gilles Lipovetsky, *L'ère du vide*, 1983, Gallimard, Paris, p. 63.

(5) *Ibid.*, p. 190.

(6) *Ibid.*, p. 68.

(7) 内田隆三『消費社会と権力』岩波書店、一九八七年、二三二頁。

(8) テリー・イーグルトン『ワルター・ベンヤミン』有満麻美子・高井宏子・今村仁司訳、勁草書房、一九八八年、五二頁。

(9) ミシェル・ド・セルトー『日常的実践のポイエティーク』山田登世子訳、国文社、一九八七年、二八三―二九〇頁。

(10) 中沢新一「着衣の作法　脱衣の作法」（『i s』一九八三年、二〇号所収）、四七頁。

（一九九〇・一一）

編集後記

この本は、妻 登世子がさまざまな折にさまざまな媒体に書いた文章の中から、モードやブランドに関する作品をいくつかを選んで編集したものです。二〇一六年八月に他界した登世子は、生前、二〇冊近くの単著を発表していますが、その多くは書下ろしか、あるいは自著としてまとめることを前提にした雑誌連載が元になっています。ということは、書物として発表したもの以外に、膨大な数のエッセイや論文などが「散乱」したまま遺されているということになります。それらの中には、彼女らしい独特の感性と思想に支えられた名文も数多くあり、このまま埋もれさせてしまうにはあまりに惜しいという思いを禁じえませんでした。

そこで、長年の友人であり、私自身の専門分野たる経済学においても「レギュラシオン学派」の先駆的紹介にご尽力いただいた藤原書店の藤原良雄社長に相談したところ、未収録作品の出版を快諾していただきました。しかも、本書以外にこれから何冊か出版していただけるとのこと。昨今の出版事情にかんがみ、こんなに嬉しいことはありません。

彼女は、文学はもちろん、文化、芸術、衣装、風俗といったテーマに長年取り組んでいました。

ここにその一部をまず『モードの誘惑』として公刊するはこびとなりました。もっとも、故人がこういう形での出版を本当に望んでいたかどうかは知る由もありません。とはいえ、硬軟長短とりまぜた本書の文章から読者が自由に何かを読みとっていただければ、編集に携わった者としては望外の喜びです。アンソロジーという書物の性格上、それぞれの文章のあいだには主題や論点の重複が何ほどかは出てしまいますが、この点は読者にご寛恕を乞いたいと思います。

既発表文の本書収録に当たっては、関係する出版社、新聞社、雑誌編集部などから快く転載の許可をいただきました。厚く御礼申し上げます。また、藤原社長や同社編集部の刈屋琢さんは、度重なる編集会議を通して辛抱づよく本書を完成にまで漕ぎつけてくださいました。いつもながらのご厚情とご尽力に心から御礼申し上げます。

二〇一八年七月一日

山田鋭夫

初出一覧

＊底本が初出と異なる場合［　］内に示す。

I　ブランド

ブランドの百年　『ＯＪＯ（オッホ）〈読売ＡＤリポート〉』（毎月 全一二回）4（1）―4（12）、二〇〇一年四月―二〇〇二年三月

ブランドの戯れ　ブランド製作委員会編著『BRAND』フジテレビ出版、二〇〇〇年三月

ブランドとカリスマのおかしな関係　『化粧文化』43、ポーラ文化研究所、二〇〇三年六月

モード革命と「ブランド現象」　『毎日新聞』一九九八年五月十一日（原題「モード革命と『ブランド現象』」）〈二〇世紀精神史 第一部大衆の登場――ファッション〉」）

ブランドという虚業　『広告批評』208、マドラ出版、一九九七年九月

生活の場からの「問いかけ」――三宅一生展の驚きと力　『毎日新聞』二〇〇〇年七月十一日（原題「三宅一生展の驚きと力――生活の場からの『問いかけ』」）

ファッション・ブランド　深井晃子編『ファッション・ブランド・ベスト101』新書館、二〇〇一年十一月

II　黒／靴

黒の脱構築――ダンディズムからシャネルまで　『モダンとポストモダン〈岩波講座文学12〉』小森陽一・富山太佳夫・沼野充義・兵藤裕己・松浦寿輝編、岩波書店、二〇〇三年六月

黒の男たち　『Dresstudy』33、京都服飾文化研究財団、一九九八年四月

黒のドレス　『道具の心理学――いまモノ語りが始まる』住友和子編集室＋村松寿満子編、ＩＮＡＸ出版、一九九九年三月
欲望のあやうい戯れ　『L'OFFICIEL ジャポン』四巻（二号）、アムアソシエイツ、二〇〇八年四月
靴を紐解く――ミュールから厚底サンダルまで　『学習だより』127、日本理容美容教育センター、二〇〇〇年九月
靴をめぐる愛　『Bally Club』バリー・ジャパン、一九九七年 Autumn/Winter［『時代を着る――ファッション研究誌「Dresstudy」アンソロジー』深井晃子監修、京都服飾文化研究財団、二〇〇八年二月］

III　シャネル

シャネルのモード革命　『「こころ」とのつきあい方――一三歳からの大学授業〈桐光学園特別授業V〉』桐光学園高等学校・中学校編、水曜社、二〇一二年四月
シャネルは海の香り　『名古屋港』70、名古屋港利用促進協議会、一九九四年一月
ゴージャスからリュクスへ――シャネルのラグジュアリー革命　『産経新聞』二〇〇六年十一月十九日（原題「シャネルのラグジュアリー革命――贅沢のゆくえ」）
シャネル・ブームをよむ――共感誘う逆転の思考　『朝日新聞』二〇〇九年六月二十五日付夕刊
映画『ココ・シャネル』に寄せて――女ひとり素手で闘った　『中日新聞』二〇〇九年七月三十一日付夕刊（原題「映画『ココ・シャネル』に寄せて」）
「モード、それは私だ」――永遠のシャネル　『ＣＯＣＯ』る・ひまわり、二〇〇九年七月
タイタニックからシャネルまで――二十世紀パリの余白に　『エコール・ド・パリとその時代』笠間日動美術館（会期 一九九九年八―九月）・名古屋市美術館（会期 一九九九年十―十一月）展覧

会カタログ、一九九九年八月、十月

Ⅳ　誘惑のモード

女たちのモード革命　『アステイオン』80（第一次世界大戦一〇〇年特集）、CCCメディアハウス、二〇一四年五月

世紀末パリのきらめき――マラルメのモード雑誌『最新流行』　『毎日新聞』一九九八年八月六日付夕刊（原題「マラルメのモード雑誌『最新流行』――世紀末パリのきらめき」）

ヴェネチアの魔の衣装　『季刊現代文学』66、「現代文学」編集委員会、二〇〇二年十二月

誘惑論――かぎりなく「女」論に近づいていく　『ファッション学のみかた。〈アエラムック「New学問のみかた。」シリーズ1〉』朝日新聞社、一九九六年十一月

みんな「女」になってしまった　『恋愛学がわかる〈AERA Mook 51〉』朝日新聞社、一九九九年七月十日（原題「コケットリー――みんな『女』になってしまった」）

誰に媚びるの？　『プリンツ21』5（5）、プリンツ21、一九九五年二月

身嗜みが輝く。　『Mr. high fashion』65、文化出版局、一九九三年八月

デオドラント文化の行方――「優しい香り」が好まれる背景　『産経新聞』一九九九年三月二十五日（原題「デオドラント文化の行方」）

なぜ《顔》なのか――徹底的に社会的な存在　『週刊読書人』一九九五年四月二十一日（原題「なぜ〈顔〉なのか――特集「顔」が気になる」）

なぜ美人は〝美人〟になったのか　『広告批評』139、マドラ出版、一九九一年五月

エフェメラの誘惑　『ディスプレイの情報世界』奥井一満監修、NTT出版、一九九〇年十一月

著者紹介

山田登世子（やまだ・とよこ）

1946-2016年。福岡県田川市出身。フランス文学者。愛知淑徳大学名誉教授。

主な著書に、『メディア都市パリ』『モードの帝国』（ちくま学芸文庫）、『娼婦』（日本文芸社）、『声の銀河系』（河出書房新社）、『リゾート世紀末』（筑摩書房、台湾版『水的記憶之旅』）、『晶子とシャネル』（勁草書房）、『ブランドの条件』（岩波書店、韓国版『Made in ブランド』）、『贅沢の条件』（岩波書店）、『誰も知らない印象派』（左右社）、『「フランスかぶれ」の誕生』（藤原書店）など多数。

主な訳書に、バルザック『風俗研究』『従妹ベット』上下巻（藤原書店）、アラン・コルバン『においの歴史』『処女崇拝の系譜』（共訳、藤原書店）、ポール・モラン『シャネル——人生を語る』（中央公論新社）、モーパッサン『モーパッサン短編集』（ちくま文庫）、ロラン・バルト『ロラン・バルト　モード論集』（ちくま学芸文庫）ほか多数。

モードの誘惑《ゆうわく》

2018年8月30日　初版第1刷発行©

著　者　山田登世子

発行者　藤原良雄

発行所　株式会社　藤原書店

〒162-0041　東京都新宿区早稲田鶴巻町523

電　話　03（5272）0301

FAX　03（5272）0450

振　替　00160-4-17013

info@fujiwara-shoten.co.jp

印刷・製本　中央精版印刷

落丁本・乱丁本はお取替えいたします　Printed in Japan

定価はカバーに表示してあります　ISBN978-4-86578-184-7

感性の歴史という新領野を拓いた新しい歴史家

アラン・コルバン (1936–)

「においの歴史」「娼婦の歴史」など、従来の歴史学では考えられなかった対象をみいだして打ち立てられた「感性の歴史学」。そして、一切の記録を残さなかった人間の歴史を書くことはできるのかという、逆説的な歴史記述への挑戦をとおして、既存の歴史学に対して根本的な問題提起をなす、全く新しい歴史家。

「嗅覚革命」を活写

においの歴史

〈嗅覚と社会的想像力〉

A・コルバン

山田登世子・鹿島茂訳

アナール派を代表して「感性の歴史学」という新領野を拓く。悪臭を嫌悪し、芳香を愛でるという現代人に自明の感受性が、いつ、どこで誕生したのか？ 十八世紀西欧の歴史の中の「嗅覚革命」を辿り、公衆衛生学の誕生と悪臭退治の起源を浮き彫る名著。

A５上製　四〇〇頁　**四九〇〇円**

（一九九〇年一二月刊）

◇ 978-4-938661-16-8

LE MIASME ET LA JONQUILLE

Alain CORBIN

浜辺リゾートの誕生

浜辺の誕生

〈海と人間の系譜学〉

A・コルバン

福井和美訳

長らく恐怖と嫌悪の対象であった浜辺を、近代人がリゾートとして悦楽の場としてゆく過程を抉り出す。海と空と陸の狭間、自然の諸力のせめぎあう場、「浜辺」は人間の歴史に何をもたらしたのか？

A５上製　七六〇頁　**八六〇〇円**

（一九九二年一二月刊）

◇ 978-4-938661-61-8

LE TERRITOIRE DU VIDE

Alain CORBIN

近代的感性とは何か

時間・欲望・恐怖

〈歴史学と感覚の人類学〉

A・コルバン

小倉孝誠・野村正人・小倉和子訳

女と男が織りなす近代社会の「近代性」の誕生を日常生活の様々な面に光をあて、鮮やかに描きだす。語られていない、語りえぬ歴史に挑む。〈来日セミナー〉「歴史・社会的表象・文学」収録（山田登世子、北山晴一他）。

四六上製　三九二頁　**四一〇〇円**

（一九九三年七月刊）

◇ 978-4-938661-77-9

LE TEMPS, LE DÉSIR ET L'HORREUR

Alain CORBIN

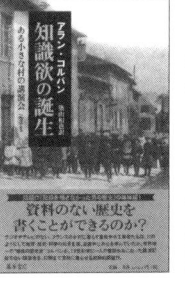

7　金融小説名篇集

吉田典子・宮下志朗 訳＝解説
〈対談〉青木雄二×鹿島茂

ゴプセック——高利貸し観察記　*Gobseck*
ニュシンゲン銀行——偽装倒産物語　*La Maison Nucingen*
名うてのゴディサール——だまされたセールスマン　*L'Illustre Gaudissart*
骨董室——手形偽造物語　*Le Cabinet des antiques*

528 頁　3200 円（1999 年 11 月刊）◇978-4-89434-155-5

高利貸しのゴプセック、銀行家ニュシンゲン、凄腕のセールスマン、ゴディサール。いずれ劣らぬ個性をもった「人間喜劇」の名脇役が主役となる三篇と、青年貴族が手形偽造で捕まるまでに破滅する「骨董室」を収めた作品集。「いまの時代は、日本の経済がバルザック的になってきたといえますね。」（青木雄二氏評）

8・9　娼婦の栄光と悲惨——悪党ヴォートラン最後の変身（2分冊）

Splendeurs et misères des courtisanes

飯島耕一 訳＝解説
〈対談〉池内紀×山田登世子

⑧448 頁 ⑨448 頁　各 3200 円（2000 年 12 月刊）⑧◇978-4-89434-208-8 ⑨◇978-4-89434-209-5

『幻滅』で出会った闇の人物ヴォートランと美貌の詩人リュシアン。彼らに襲いかかる最後の運命は？「社会の管理化が進むなか、消えていくものと生き残る者とがふるいにかけられ、ヒーローのありえた時代が終わりつつあることが、ここにはっきり描かれている。」（池内紀氏評）

10　あら皮——欲望の哲学

La Peau de chagrin

小倉孝誠 訳＝解説
〈対談〉植島啓司×山田登世子

448 頁　3200 円（2000 年 3 月刊）◇978-4-89434-170-8

絶望し、自殺まで考えた青年が手にした「あら皮」。それは、寿命と引き換えに願いを叶える魔法の皮であった。その後の青年はいかに？「外側から見ると欲望まるだしの人間が、内側から見ると全然違っている。それがバルザックの秘密だと思う。」（植島啓司氏評）

11・12　従妹《いとこ》ベット——好色一代記（2分冊）

山田登世子 訳＝解説

La Cousine Bette

〈対談〉松浦寿輝×山田登世子

⑪352 頁 ⑫352 頁　各 3200 円（2001 年 7 月刊）⑪◇978-4-89434-241-5 ⑫◇978-4-89434-242-2

美しい妻に愛されながらも、義理の従妹ベットと素人娼婦ヴァレリーに操られ、快楽を追い求め徹底的に堕ちていく放蕩貴族ユロの物語。「滑稽なまでの激しい情念が崇高なものに転じるさまが描かれている。」（松浦寿輝氏評）

13　従兄《いとこ》ポンス——収集家の悲劇

Le Cousin Pons

柏木隆雄 訳＝解説
〈対談〉福田和也×鹿島茂

504 頁　3200 円（1999 年 9 月刊）◇978-4-89434-146-3

骨董収集に没頭する、成功に無欲な老音楽家ポンスと友人シュムッケ。心優しい二人の友情と、ポンスの収集品を狙う貪欲な輩の蠢く資本主義社会の諸相を描いた、バルザック最晩年の作品。「小説の異常な情報量。今だったら、それだけで長篇を書けるような話が十もある。」（福田和也氏評）

別巻1　バルザック「人間喜劇」ハンドブック

大矢タカヤス 編
奥田恭士・片桐祐・佐野栄一・菅原珠子・山﨑朱美子＝共同執筆

264 頁　3000 円（2000 年 5 月刊）◇978-4-89434-180-7

「登場人物辞典」、「家系図」、「作品内年表」、「服飾解説」からなる、バルザック愛読者待望の本邦初オリジナルハンドブック。

別巻2　バルザック「人間喜劇」全作品あらすじ

大矢タカヤス 編　奥田恭士・片桐祐・佐野栄一＝共同執筆

432 頁　3800 円（1999 年 5 月刊）◇978-4-89434-135-7

思想的にも方法的にも相矛盾するほどの多彩な傾向をもった百篇近くの作品群からなる、広大な「人間喜劇」の世界を鳥瞰する画期的試み。コンパクトでありながら、あたかも作品を読み進んでいるかのような臨場感を味わえる。当時のイラストをふんだんに収め、詳しい「バルザック年譜」も附す。

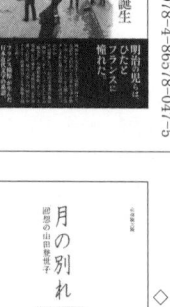

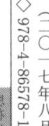

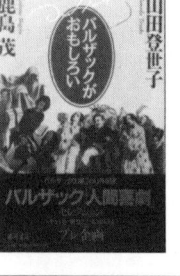